JN080987

天文宇宙検定

公式テキスト

2023▸2024年版

天文宇宙検定委員会 編

星博士ジュニア

4級

恒星社厚生閣

天文宇宙検定 とは

　　科学は本来楽しいものです。楽しさは、意外性、物語性、関係性、歴史性、予言力、洞察力、発展性などが、具体的なものを通じて語られる必要があります。そして何よりも、それを伝える人が楽しまなければなりません。人と人が接し合って伝え合うことの大切さを見直してみる必要があるでしょう。

　　宇宙とか天文は、科学をけん引していく重要な分野です。天文宇宙検定は、単に知識の有無を検定するのではなく、「楽しく」、「広がりを持つ」、「考えることを通じて何らかの行動を起こすきっかけをつくる」検定でありたいと願っています。

　　個人の楽しみだけに閉じず、多くの市民に広がり、生きた科学に生身で接する検定を目指しておりますので、みなさまのご支援をよろしくお願いいたします。

総合研究大学院大学名誉教授

池内　了

天文宇宙検定

CONTENTS

天文宇宙検定 4 級公式テキスト 2023〜2024 年版　正誤表

ページ	誤	正
6ページ	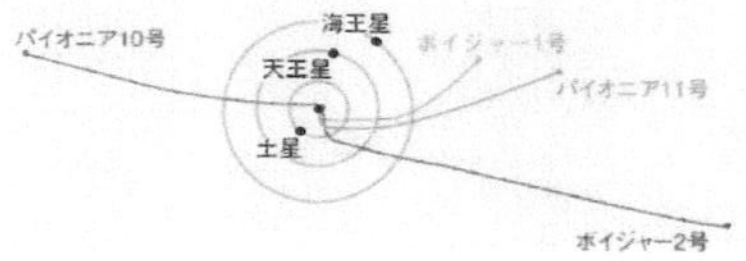	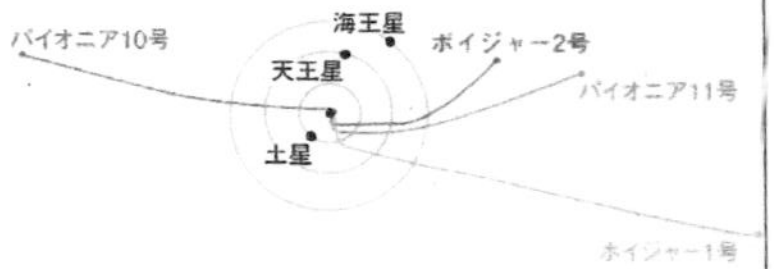 ※ボイジャー1号とボイジャー2号が入れ違っていました。正しくは上図の通りです。
29ページ 1行目	ソ連（現在のロシア）	ソ連（現在のロシアやウクライナなど多数の諸国から構成されていた旧ソビエト連邦共和国）
90ページ おうし座 3行目	 牡牛（めうし）	 牡牛（おうし）
130ページ A3解説 3行目	800 mm÷20 mm＝90 で。	800 mm÷20 mm＝40 で。

★ 宇宙探査機の挑戦

地球を離れ、何年も旅を続けて目的地をめざす宇宙探査機。その目的は、惑星や衛星の地表調査、太陽系の起源の解明、そして地球外生命体の探査などさまざまだ。宇宙探査機は地球からの観測では得ることができない貴重なデータを研究者に届けている。

© NASA/JPL-Caltech

カッシーニは NASA と欧州宇宙機関（ESA）が共同開発した土星探査機である。1997 年に打ち上げ、2004 年に土星軌道に到着、2017 年の運用終了まで衛星や環を詳細に観測した。

2004 年に打ち上げられた ESA の彗星探査機ロゼッタは、65 億 km を旅して 2014 年 3 月にチュリュモフ・ゲラシメンコ彗星に到着、着陸機フィラエを彗星表面に降下させ、彗星の周回軌道と表面で観測をした。2016 年 9 月に任務終了。
©ESA/ATG medialab; Comet image: ESA/Rosetta/Navcam

「はやぶさ」は日本の宇宙航空研究開発機構（JAXA）の小惑星探査機。2003 年に打ち上げられて、小惑星イトカワを探査し表面のサンプルを採取、2010 年に地球への帰還に成功した。
© 池下章裕 /MEF/JAXA・ISAS

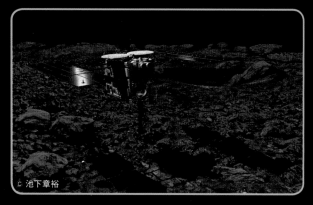

© 池下章裕

日本の宇宙航空研究開発機構（JAXA）が開発した探査機「はやぶさ 2」は、小惑星「リュウグウ」を探査し、小惑星の物質（サンプル）を採取して地球に届けた。このように地球以外の天体や惑星間空間から試料(サンプル)を採取し、持ち帰る（リターン）ことをサンプルリターンという。

★ 探査機にのせた宇宙人へのメッセージ

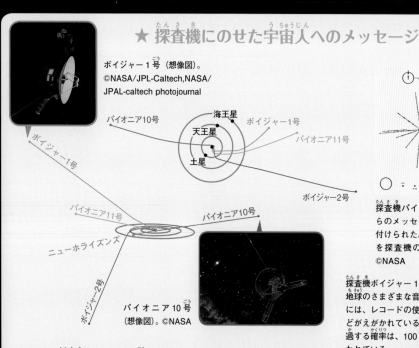

ボイジャー 1 号（想像図）。
©NASA/JPL-Caltech,NASA/JPAL-caltech photojournal

海王星
天王星
土星
パイオニア10号
ボイジャー1号
パイオニア11号
ボイジャー2号
ボイジャー1号
パイオニア11号
パイオニア10号
ニューホライズンズ
ボイジャー2号
パイオニア 10 号（想像図）。©NASA

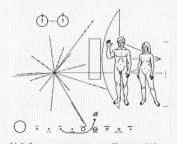

探査機パイオニア 10・11 号には、人類からのメッセージを絵で記した金属板が取り付けられた。太陽系の位置の情報と、人類を探査機の大きさと比べて示している。
©NASA

探査機ボイジャー 1 号・2 号にのせられたレコード。地球のさまざまな音や画像が保存されている。裏面には、レコードの使い方と、太陽系の位置の情報などがえがかれている。探査機が他の太陽系の中を通過する確率は、100 億年に 1 回以下といわれている。
© NASA/JPL

上の図は、探査機パイオニア 10 号（1972 年）、11 号（1973 年）、ボイジャー 1 号・2 号（1977 年）、ニューホライズンズ（2006 年）が現在までに飛行した道すじを表す。（）内の年数は打ち上げられた年。
ボイジャー 1 号は現在、もっとも地球から遠く離れた場所にある人工物だ。しかし、ようやく太陽系のはしにたどりついた程度だ。さらに、ニューホライズンズも、太陽系を飛び出そうとしている。2015 年に冥王星をかすめながら探査し、2025 年ごろに、太陽系の果ての別の天体を探査し、ボイジャーの倍の速度で太陽系を離脱する。

0章

TEXTBOOK FOR ASTRONOMY-SPACE TEST

～宇宙にのりだそう～

★ 宇宙から見た地球

地球上空 400km の国際宇宙ステーション（ISS）から見た夜の地球だ。宇宙から見た地球の姿ほど、世界中の人たちとの結びつきを感じさせてくれるものはない。国境は消え、都市部の明かりが人々の活動を示している。緑の帯のような部分は地球を覆う大気の層だ。漆黒の宇宙空間には色とりどりの星が見えている。宇宙から見た宇宙の姿だ。

※ ISS は英語の International Space Station の略。

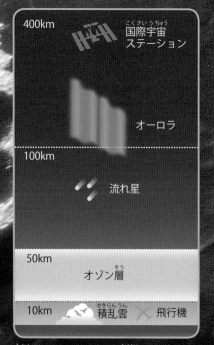

400km	国際宇宙ステーション
	オーロラ
100km	流れ星
50km	オゾン層
10km	積乱雲　飛行機

宇宙と地球のはっきりとした境界はない。そこで、国際航空連盟によって海抜高度 100km 以上が宇宙空間と「定義」されている。地表を離れて上空へ行くほど空気はうすくなる。高度 100km では空気もほとんどない真空の世界だ。

国際宇宙ステーション（ISS）は地上約 400km 上空に建設された有人実験施設だ。アメリカ、ロシア、日本、ヨーロッパの各国、カナダなどの国際協力によって建設された。地球のまわりを 1 周約 90 分というスピードで回りながら、宇宙だけの特殊な環境を利用したさまざまな観測・研究・実験をおこなっている。

● ISSにおける植物成長実験の
ようす（動画・転載不可）
©NASA/SPL/PPS

©NASA

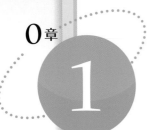

1 宇宙を旅する

宇宙はとほうもなく広いので、私たちが日常生活で使う距離や速度の単位では数字が大きくなりすぎる。距離・速度についておさらいしておこう。

1 いろいろなスピード

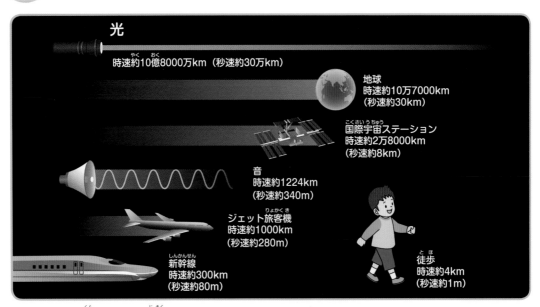

図表 0-1 速さを比べてみよう。時速とは1時間にどれだけ進めるかを表した速さ。

　人間が歩く速度は1時間に約4km。1秒間では約1m進む。時速4kmで、秒速1mだ。新幹線は秒速約80mで、歩くよりも80倍も速いとわかる。もっと速いのがジェット旅客機で秒速約280mと新幹線よりも3倍以上速い。でも私たちのおしゃべり、つまり音はもっと速くて秒速約340m。時速だと約1224kmだ。音の速度は特別に音速ともいい、マッハという単位でも表す。マッハ2だと秒速約680mということになる。地球を回る国際宇宙ステーションは秒速約8km。地球自身は太陽のまわりを秒速約30kmで移動する。そしてその1万倍も速いのが光で秒速約30万kmだ。光の速度は光速といい、光速以上の速度は出すことができない。

2 光の速さで旅をすると…?

　光はこの世で一番速い。その光でも月は 38 万 km かなたにあるので届くのに 1.3 秒かかる。これが星座の星で一番明るいシリウスだと距離 81 兆 km なので、約 8.6 年かかる。さらに夜空が暗ければ見えるアンドロメダ銀河は 2400 京 km かなただ。見当もつかない遠さで、光だと 250 万年で届く。ここで 2400 京だとわからないが 250 万だとわかりやすいと思うだろう。そこで光が 1 年で進む距離を 1 光年として、距離 250 万光年と表す。年とついているが、徒歩 10 分などと同じように、光年は距離の単位だ。1 光年は約 9 兆 4600 億 km だが、ざっと 10 兆 km と覚えておくと便利だ。

　なお、月までは 0.00000004 光年、太陽は 0.000016 光年だが、数字が小さすぎてわかりにくいので光年は使わない。代わりに地球と太陽の距離を 1 天文単位（au）と表すことがある。また、SF（空想科学小説）などでは光秒や光分が使われることもある。月までは約 1.3 光秒、太陽までは約 500 光秒で約 8 光分あまりだ。

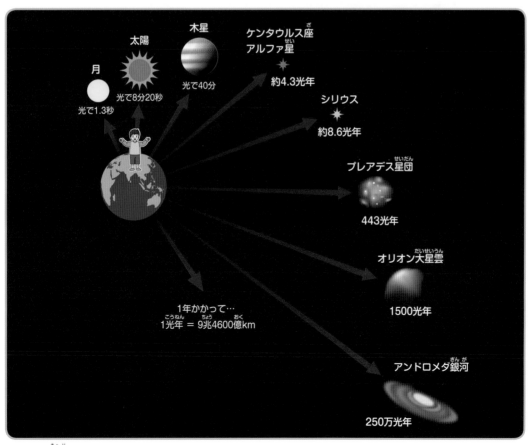

図表 0-2　距離を光の速さでどのくらいかかるかで表す

0章

2 地球の 1 日

私たちは地球に住んでいて、1日のうちに宇宙のあちこちを見ることができる。昼間は太陽が見え、夜は星が見える。そして、地球が自転すると、見える宇宙の景色が変わっていく。どんな風に変わるのかみていこう。

①6時ごろ

太陽

東　　　南　　　西

②10時ごろ

太陽

東　　　南　　　西

西

太陽光

　ふだんの生活の中で朝と昼と夕方で太陽の位置が変わることは知っているだろう。日本から見ると太陽は東からのぼり（朝）、南の空高くを通って（昼）、西へしずんでいく（夕方）。

　ところが、これは見かけの動きであって、実際には太陽が動いているのではなくて、地球の方が動いているのだ。かんたんな例をあげよう。電車や自動車から見える景色が進む方向と逆方向に過ぎ去っていくように見えることがあるだろう。動いているのは自分の方なのに、止まっているまわりの景色の方が動いているように感じるという一種の錯覚だ。

　太陽が動いているように見えるのもこれと同じことで、地球が動くことで本来動いていない太陽が動いているように見えているのだ。地球は北極と南極を軸にして1日1回転、西から東に回っている。このように天体自身が回転することを自転といい、地軸は、地球の自転の回転軸（自転軸）のことだ。

地軸

東

③14時ごろ

太陽

東　　南　　西

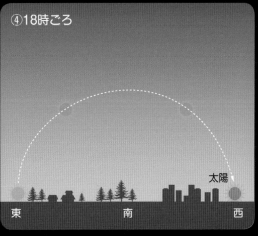

④18時ごろ

太陽

東　　南　　西

図表 0-3
地球の自転と日本あたりから見える夏の太陽の動きの関係。地球は1時間に15°の割合で自転している。1日は24時間なので、15°×24時間＝360°（1回転）となる。

© SPL/PPS

3 宇宙にはどんな星がある?

夜空に見える星、望遠鏡で観察できる星には、いくつかの種類がある。また、光の点として見えなくても星と呼ぶことがある。星について整理しておこう。

1 恒星

空に見えるほとんどの星は**恒星**だ。恒星は他の星に照らされなくても、自ら光り輝く星である。夜空で星座を形づくる星は、すべて恒星だ。恒星どうしの位置関係は変わらないので、大昔の星座が現代にも伝えられているのである。いつもおこなわれるという意味の「恒例」の恒の字を使って変わらないことを表している。

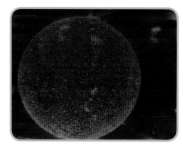

図表 0-4 自ら光輝く星、太陽も恒星だ。

恒星は、宇宙をただよう気体（ガス）が集まったものだ。その成分は、主に水素とヘリウムである。また、恒星はとても巨大だ。代表的な恒星である太陽の体積は、地球の 130 万倍もある。恒星が光るのは、星自身がすごく熱いからだ（☞ 44 ページ）。

2 惑星

惑星は自分で光を出さず、恒星のまわりを回っている大きめの星だ。太陽のまわりは 8 つの惑星が回っており、地球もそのうちのひとつである。昔の人々は、星々の間を「惑う」ように動くため惑星と呼んだ。地球が惑星であることは、あとからわかったことだ。夜空で惑星が輝くのは、太陽の光を反射しているためだ（☞ 122 ページ）。また、**衛星**は月のように惑星などのまわりを回る天体のことだ。

図表 0-5 地球は惑星

● イトカワに到着した
「はやぶさ」のイメージ画像
© 池下章裕

● ハートレイ彗星（画像）
©NASA/ESA/H. Weaber (The Johns Hopkins University/ Applied Physics Lab)

③ 彗星

　ほぼ円をえがいて太陽のまわりを回る惑星と異なり、細長い楕円をえがいて回っている星が**彗星**だ。氷やチリが固まったもので、数十年から数百年に一度、太陽に近づくと表面が溶けて散らばり、まわりに破片やガスが広がりボンヤリとした姿に見える。なかにはそのままとけて消えたり、宇宙のかなたへ飛び去るものもある。時には長い尾を引き、その姿がほうきに似ているためほうき星とも呼ばれる。**流れ星**（☞ 66 ページ）とは別のものだ。

図表 0-6　彗星には発見・報告の早い順に 3 人まで発見した人や観測所などの名前が付けられる。写真はヘール・ボップ彗星。©A. Dimai and D. Ghirardo, (Col Druscie Obs.), AAC

④ 小惑星

　小惑星は、太陽のまわりを回る惑星より小さく丸くない天体で、大きさは小さな岩ほどのものから数百 km のものまであり、形もさまざまである。日本の小惑星探査機「はやぶさ」と「はやぶさ2」はそれぞれ、小惑星の砂や岩石を回収し、地球にサンプルが入ったカプセルを届けることに成功した（☞ 48・49 ページ）。

© JAXA

© NASA/JPL-Caltech/UCLA/MPS/DLR/IDA

© NASA/JPL

図表 0-7　さまざまな小惑星の姿。イトカワ（上）、イダとその衛星のダクティル（下左）、ベスタ（下右）。

▶▶▶ 天球について

　広い野原で星空を見上げる自分自身を想像してみよう。あなたを中心にした半球の
ドームがイメージできるだろうか。プラネタリウムで、星や月や太陽が投影されるドー
ムのような想像上の球体を**天球**と呼ぶ。

　天球は地球を囲む想像上の大きな丸い球体である（下図）。頭上にまっすぐのばし
た線が天球面と交わる点を**天頂**、真下にのばした線が天球面と交わる点を**天底**という。

　地軸（☞図表0-3）を北極からまっすぐのばして天球と交わる点は、**天の北極**、南
極側を**天の南極**という。天球がクルクル回っていると考えると星の動きが説明できる。
日本のある北半球からは、天の南極は見ることはできない。

　天球上で赤道の上にあたるラインは**天の赤道**という。天球を模型にしたものを、天
球儀という。天球儀には星座がえがかれることが多いが、天を外から見たということ
で、裏返しになっている場合もある。

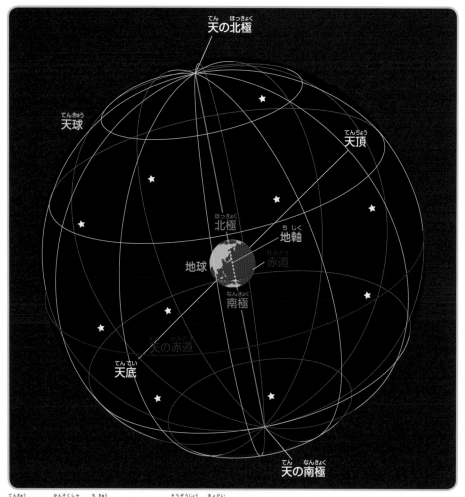

天球とは、観測者（地球）を中心とする想像上の巨大な球体だ

Q1 チェック
探査機「はやぶさ」が砂つぶを回収した天体は次のうちどれか。

①イトカワ　②タイタン　③ハレー　④フォボス

Q2 チェック
1光年は何kmか？

① 1万2700km　　② 38万4000km
③ 1億5000万km　④ 9兆4600億km

Q3 チェック
次の天球の図で、☆印にあたる場所は次のうちどれか。

①天頂　　　②天の北極
③天の南極　④天の赤道

Q4 チェック
地球はどの天体の種類にあてはまるか。

①恒星　②惑星　③準惑星　④小惑星

Q5 チェック
次のうち地球から最も遠く離れた場所にある探査機はどれか。

①ボイジャー1号　②カッシーニ
③はやぶさ2　　　④ジュノー

解答・解説はウラ

解答・解説

A1 ① イトカワ

解説▶▶▶イトカワは太陽系の小惑星。小惑星が数多くある火星と木星の間ではなく、地球と火星の間のあたりを公転している。「はやぶさ」が回収した砂つぶには、太陽系が誕生して間もないころの成分がふくまれていることが期待されている。ちなみに、イトカワという名前は日本の宇宙開発・ロケット開発の父と呼ばれる、糸川英夫博士にちなんで名づけられた。

A2 ④ 9兆4600億km

解説▶▶▶光年は距離の単位で、1光年は光が1年かかって進む距離。星までの距離などを表すのに使われる。なお、①は地球の直径、②は地球と月の距離、③は地球と太陽の距離。

A3 ① 天頂

解説▶▶▶天頂は観察している人の頭の真上のことだ。天頂の反対側（真下）が天底であるが、天底は地面があるため見ることはできない。北極点に立つと、天の北極と天頂は同じになる。また、赤道に立つと、天頂は天の赤道の中の1点になる。このように、天頂の場所は、観察している人の地球上の位置で変わり天球の中のいろいろな場所になる。

A4 ② 惑星

解説▶▶▶自ら光を出す天体を恒星といい、自分で光を出さず、恒星のまわりを回っている天体を惑星という。昔の人々は、星々の間を「惑う」ように動いて見える天体を惑星と呼んだ。地球が恒星である太陽のまわりを回る惑星の1つだとわかったのは、後になってからだ。望遠鏡が発明されると、地球の次に、天王星、海王星、冥王星も新たに惑星の仲間に入った。冥王星は1930年に発見され、太陽系の9番目の惑星とされていたが、2006年に新たにつくられた種別の準惑星に分類されるようになった。

A5 ① ボイジャー1号

解説▶▶▶ボイジャー1号は、1977年にアメリカ航空宇宙局（NASA）が打ち上げた無人探査機。木星・土星を探査し貴重なデータをもたらした。現在は太陽系の端まで到達していると考えられている。搭載している原子力電池によって2025年ごろまでは地球と交信が可能。

アメリカ航空宇宙局（NASA）の木星探査機ジュノー。2011年に打ち上げられ、2016年、木星の周回軌道に到達し大気や磁場などの調査をおこなった。任務を終えた2016年に木星に投下された。

1章

TEXTBOOK FOR ASTRONOMY-SPACE TEST

~月と地球~

★ 命を守る宇宙服

私たちは1気圧の空気がある中で生きているが、ほぼ真空状態の宇宙で宇宙服の中を1気圧にすると、宇宙服がパンパンにふくれ上がって身動きできなくなってしまう。そのため宇宙服の中は0.3気圧ほどにして動きやすさを確保している。

次世代宇宙服を着て月面で作業する2人の飛行士のイメージイラスト。手前の飛行士は岩を拾い上げて調べており、もう1人はこの岩を採集した場所を撮影している。©NASA

現在NASAは最新の技術を搭載し、軽量で、ほぼすべての体型に対応する新しい宇宙服の開発を進めている。次世代宇宙服はNASAが進める有人月面探査のアルテミス計画でも使用される予定だ。

宇宙飛行士が着る服には、宇宙船内で着る船内服（与圧服）と船外活動で着る船外服がある。ふつう、宇宙服と呼ばれるのは船外服の方だ。©NASA

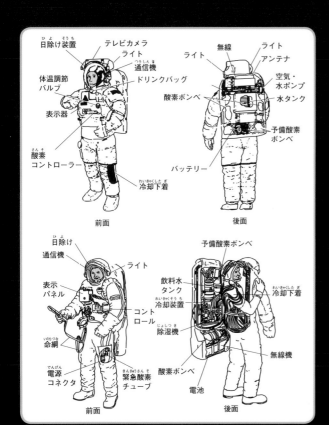

民間宇宙船「クルードラゴン」の船内服は、火や衝撃に強く、通信装置と温度調節機能を備えている。打ち上げの際に想定される危険から身を守るために飛行士の体に合わせて作られるもので、外宇宙には出られない。
©Consolidated News Photos/AGE/PPS

前面

日除け装置　テレビカメラ
ライト
体温調節バルブ　通信機
ドリンクバッグ
表示器
酸素コントローラー
冷却下着

後面

ライト　無線　ライト　アンテナ
空気・水ポンプ
酸素ボンベ　水タンク
予備酸素ボンベ
バッテリー

前面

日除け
通信機　ライト
表示パネル
飲料水タンク
コントロール
冷却装置
命綱
除湿機
電源コネクタ
緊急酸素チューブ

後面

予備酸素ボンベ
冷却下着
無線機
酸素ボンベ
電池

現在、宇宙服を保有しているのは、アメリカ、ロシア、中国のみである。国際宇宙ステーションで使われる船外活動用宇宙服には、アメリカ製（上）とロシア製（下）がある。

中国の宇宙服「飛天」。2008年、神舟7号において中国初の宇宙遊泳がおこなわれた時に使われた。
©SPL/PPS

● クルードラゴンの宇宙船の操縦室（画像）
©Alamy/PPS

1 月の満ち欠けは なぜ起こる?

月は、三日月、半月、満月など形が変化して見える。これを月の満ち欠けという。なぜ満ち欠けが起こるのか理解しよう。

1 月の自転と公転

月は地球の衛星である。月は地球に引っ張られ、地球のまわりを回っている。これを公転という。そして、月自身も回転している。これを自転という。月の自転と公転にかかる時間はぴったり同じなので、いつも同じ面が地球に向き、月の裏側は見えない。

図表 1-1　月の自転と公転の動き

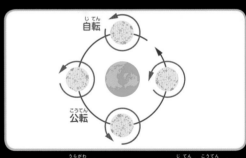

図表 1-2　月の裏側が見えないのは、月の自転と公転がぴったり同じ時間（27.3 日）だから。

2 月の満ち欠け

月は球体（ボールの形）をしている。月が輝いて見えるのはこの球体に太陽が放つ光が当たっているからだ。暗い部屋で一方からボールに光を当てているようすをイメージすればいいだろう。太陽は遠くにあるため、月がどこにあってもいつも球体の半分に光が当たっていることになる（図 1-3）。

では、なぜ地球から見た月の形は変化していくのだろう。それは、光が当たっている部分を見る角度が変わるからだ。光が当たっている部分を真正面から見れば満月、反対側から見れば新月、真横から見れば半月ということになる。

昼ごろ東の空にのぼってくる。太陽がしずむころに南の空高くに位置する。

上弦の月

昼間は太陽の東側にある。太陽がしずんだあと、西の空に輝く。

月の公転

太陽からの光

夜　　昼

地球

満月

太陽がしずむころ東の空にのぼって、真夜中に南の空に輝く。日の出のころ西の空にしずむ。

新月

地球から見える月面に太陽の光があたらないので月は見えない。

下弦の月

真夜中ごろに東の空にのぼり、日の出のころに南の空に位置する。午前中には西の空に見える。

図表 1-3　月の位置と地球から見た形。
半月とは上弦の月、下弦の月の別の呼び名

新月（月齢 0）
昼間、太陽とともにのぼり、夕方しずむので見えない。

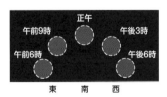

東　南　西

三日月（月齢 2 ～ 3）
夕方南西の空に見え、午後 9 時ごろに西にしずむ。

東　南　西

上弦の月（月齢 7：右半分が光る）
夕方、南の空に見え、真夜中に西にしずむ。

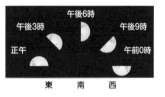

東　南　西

満月（月齢 14 ～ 15）
夕方に東からのぼり、朝に西の空にしずむ。

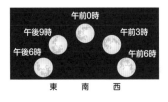

東　南　西

下弦の月（月齢 22：左半分が光る）
真夜中に東からのぼり、朝に南の空に見え、昼に西にしずむ。

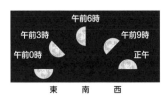

東　南　西

月齢とは…
月齢は新月からの経過日数のこと。新月の瞬間が 0。そこから 1 日間＝ 24 時間で 1 あがる。新月から新月の間は、平均して 29.5 日。それより、少し延びることがあるが、30 にはならず、また新月になって 0 に戻る。

図表 1-4　月の形によって見える方向と時刻

1章

② 月の表情

月は地球からもっとも近い天体だ。その表面のようすは、双眼鏡や入門用の望遠鏡でもじゅうぶんに観察できる。

① すがおはデコボコ

図表1-5を見てもわかるように、月の表面はつるつるではない。クレーターという円い形をしたへこみや、うさぎがもちつきをしているようにも見える黒っぽい「海」と呼ばれる部分がある。クレーターのほとんどは数億〜数十億年前に隕石が衝突してできたもので、月には地球とちがって水も空気もないために風化されずにそのまま残っているのだ。海は月の内部にある黒い岩石が過去に溶けてあふれ出してきたもので、海と呼ばれているが地球のように水があるわけではない。

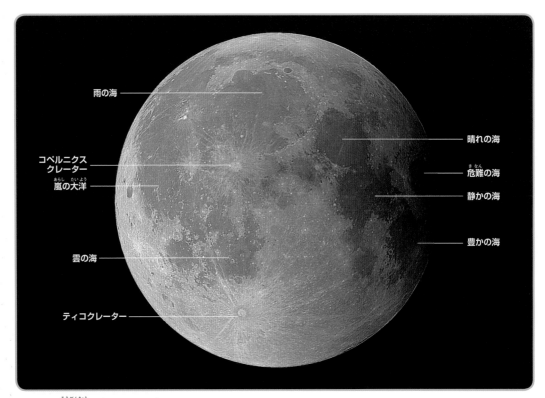

図表1-5　双眼鏡でわかる月の地名。

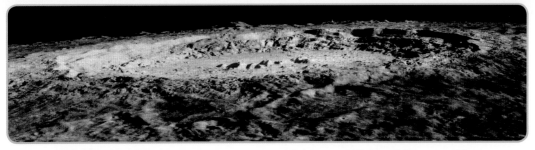

図表 1-6　直径約93km、深さ約3.8kmのコペルニクスクレーター。中央に小さな山があるのがわかる。　ⒸNASA

うさぎの
もちつき

ほえる
ライオン

ハサミが
ひとつのかに

女の人の
横顔

本を読む
おばあさん

木を
かつぐ人

図表 1-7　月の模様は世界中でいろいろに見たてられてきた。日本ではうさぎがもちをついている模様だと言われている。

② 暑い昼、寒い夜

　地球は大気（空気の層）のおかげで気温の変化はゆるやかだが、月ではうすい大気しかない。そのために太陽の光が当たっている昼間の月面の温度は最高で約110℃、太陽の光が当たらない夜の月面の温度は最低で約マイナス170℃と、その差は300℃近くにもなる。また、月は約27.3日かけて自転していて、これに地球と月がいっしょに太陽を公転することを考えると、月の一昼夜は29.5日ほどになる。そのため、暑い昼と寒い夜がそれぞれ15日間ずつ続くことになる。

　もう1つ月面で起こるおもしろい現象を紹介しよう。それは、月面では体重が約6分の1になることだ。つまり、地球で体重30kgの人が月面で体重計に乗ると5kgしかない。これは月の重力が地球の約6分の1しかないために、すべての物の重さは地球上のおよそ6分の1になってしまうのである。

月面では重力が
約6分の1になる

図表 1-8　アポロ計画のときには、地上で82kgの宇宙服が、月面では14kgほどになった。

3 月の正体(しょうたい)

月は地球(ちきゅう)からどのくらい離(はな)れているのだろう。月の大きさは、地球と比(くら)べるとどのくらいだろう？

1 月までの距離(きょり)

　月は地球(ちきゅう)のもっとも近くにある天体(てんたい)だ。しかし、月までの平均距離(へいきんきょり)は約38万km。初(はじ)めて人類(じんるい)を月まで運んだアポロ11号は、地球を出発してから4日ほどかかって月に到着(とうちゃく)している。ちなみに、**国際宇宙(こくさいうちゅう)ステーション（ISS）**が飛んでいるのは、地上から400km上空(じょうくう)だ。

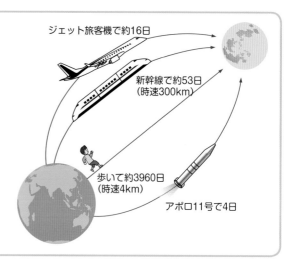

月まで38万km、おおざっぱにいえば40万kmだ。どれくらい歩けばいいか考えてみよう。
人間は1時間に4km、休まず眠(ねむ)らず歩き続けたとして1日に96km、ざっと100km歩ける。
10日で1000km、100日で1万km、1年365日だと4万kmくらいになる。
月まで40万kmなので、割(わ)り算(ざん)をすると10年かかるのだ！
新幹線(しんかんせん)だとどうだろう。時速(じそく)300kmなので、人間の70倍も速い。それでも、2カ月近くかかる。時速約1000kmのジェット旅客機(りょかくき)なら16日ほどかかる。

ジェット旅客機で約16日
新幹線で約53日（時速300km）
歩いて約3960日（時速4km）
アポロ11号で4日

図表 1-9　月までのどのくらい？

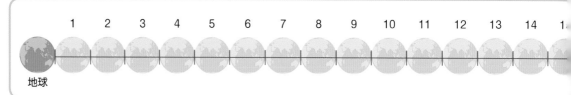

	1	2	3	4	5	6	7	8	9	10	11	12	13	14	1

地球

図表 1-10　地球(ちきゅう)と月の間の平均距離(へいきんきょり)は約38万km。地球の直径は約1万2700kmなので、およそ地球30個分離(はな)れている。

② 月の大きさと内部構造

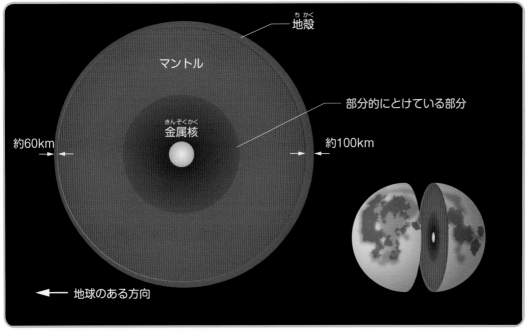

図表 1-11　月面探査から推測される月の内部構造。

月の直径は地球の約 4 分の 1 の 3500kmほどだ。北海道から沖縄西表島までが 3000kmなので、それよりちょっと長いくらいだ。

月の体積は地球の 50 分の 1 だが、重さは 80 分の 1 しかない。つまり密度が低い。これは、地球に比べて鉄などの重い金属成分が少ないためだ。月は中心には金属の核があり、そのまわりを岩石が取りまいている。月面と同質の岩石の層は、地球に近い側では深さ 60km、遠い側では 100kmまである。表と裏で均一でないのも月の特徴だ。

図表 1-12　月の大きさは地球の大きさの約 4 分の 1。地球の直径は約 1 万 2700km、月の直径は約 3500km。

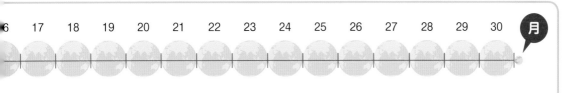

4 月がもたらす潮の干満

月や太陽の引力によって1日2回、海面が上下することを潮の干満という。海面がもっとも下がった状態を干潮、もっとも上がった状態を満潮という。

1 潮の干満

　月は地球に引っ張られて地球のまわりを回っているが、地球も月に引っ張られている。海が満潮や干潮になる潮の干満は、月の引力の作用で発生する。月の引力は、月に近い場所ほど強くなるため、月に近い側の海水は引っ張られて満潮となる。月と反対側の海水は遠心力によって満潮となり、二つの満潮の間では海面が下がって干潮となる。

　月・地球・太陽が一直線にならぶ満月や新月のころには、月の引力に太陽の引力も加わって、潮の干満の差が大きくなる。これを大潮と呼ぶ。一方、月が半月になるときには、小潮と呼ばれる干満差の小さな状態になる。

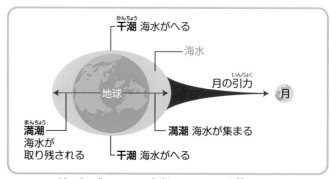

図表 1-13　潮の満ち干のしくみ。実際には、海水の移動に時間がかかり、月が真上に来ているのに、干潮となる場所もある。

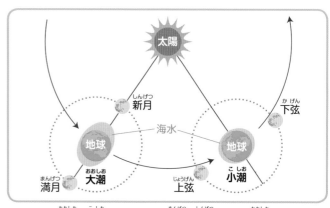

図表 1-14　大潮・小潮になるしくみ。満月と新月のときが大潮になる。

▶▶▶ いざ、月へ

　初めに月の探査を成功させたのは、ソ連（現在のロシア）のルナという探査機。ルナは1号から24号まであり、1959年、ルナ2号が初めて月面に到着（月面に衝突）。ルナ3号は月の裏側の写真を撮ることに成功した。1966年にはルナ9号が初めて月面に安全に着陸した。ルナ10号は月のまわりをぐるぐると回ることに成功した。

　1969年7月、アメリカのアポロ11号によって人類は月面に降り立つことに成功した。アポロ計画は、その後も1972年のアポロ17号まで続けられた。その間に、有人月面着陸は計6回成功し、合計12人の宇宙飛行士が月面に降り立っている。

　その後、およそ20年間は月の探査は活発におこなわれることはなかった。しかし、21世紀に入ってから、ヨーロッパや日本、中国、インドが再び月の探査に乗り出した。とくに、2007年に日本が打ち上げた「かぐや」は、これまで以上にくわしい月の地形や月の地下のようすを明らかにした。また、月には1年中太陽の光が当たる場所は存在しないこと、月の裏側では考えられていたよりも最近の約25億年前まで火山活動があったことなど、たくさんの新たな発見をした。2019年には中国の月探査機「嫦娥4号」が史上初めて月の裏側への着陸に成功、さらに2020年には同「嫦娥5号」が月面の砂などのサンプルを地球に持ち帰ることに成功している。

　こうした探査は、科学的な意味だけでなく、将来、人類が月に移り住んだり、月の資源を利用したりするときに、たいへん重要になってくるだろう。

月面はさみしい世界だった　ⓒNASA

▶▶▶ 月と日本人

「十五夜の月」という言葉は、日本では大昔からあり、平安時代にはすでに月を見て楽しむという風習があったようだ。日本人は月を「楽しむもの」として見てきたのだ。

満月のことを昔の人々は「望月」と呼んだ。「望む月」、つまり人々は月がまん丸になる日を待ち望んでいたのだろう。その前夜のことは「小望月」といって、前日にまで名前をつけてしまうほど楽しみにしていたのかもしれない。

十五夜の1日後、「十六夜」は「いざよい」と読む。「いざよう」とは「ためらう」という意味で、満月よりも遅い時刻にのぼってくる月が、昔の人々にはまるでためらっているように思えたのだろうか。

続いて十七夜の月は「立待月」、「十八夜」の月は「居待月」、「十九夜」の月は「寝待月」、「二十夜」の月は「更待月」と呼んでいた。

毎日少しずつのぼってくる時刻が遅くなる月を、平安時代の貴族たちがどのように待っていたのかがよくわかる名前である。

このように、日本人は大昔から月を生活や文化のひとつとして取り入れ、親しみをもってつきあってきたのだ。そのため、月は、昔からたくさんの歌によまれてきた。

百人一首では、12首の歌に月がよまれている。阿倍仲麻呂が故郷を遠く離れた唐（中国）で、月を見ながら故郷を思い出す歌は有名だ。

「天の原　ふりさけ見れば春日なる　三笠の山に出でし月かも」

大空を仰ぎ見ると月が出ている。昔、奈良の春日の三笠山からのぼるのを眺めた月と同じ月なのだなぁ、という意味だ。仲麻呂が日本に帰国する願いはかなわなかった。

日本でもっとも古い物語とされるのは、『竹取物語』、別名かぐや姫だ。このお話では月には地球よりすぐれた人が住んでいることになっていた。月について、昔の人がどう考えていたのかがうかがえるお話である。

Q1
チェック

地球から月まで時速4kmの徒歩で向かったとすると、およそどのくらいかかるか。

①およそ3日　②およそ1週間　③およそ1年　④およそ10年

Q2
チェック

宇宙に出るには、宇宙服を着なくてはならない。その理由として、<u>まちがっているもの</u>はどれか。

①どこの国の人間か、まちがえないようにするため　②空気を適切に管理するため
③適切な温度に保つため　④通信装置で話をするため

Q3
チェック

三日月を観察するには、いつ、どちらの方角を見たらよいか。

①夕方、西の空　　②真夜中、南の空
③明け方、東の空　④そのときによって変わる

Q4
チェック

十五夜に関する説明として、<u>まちがっているもの</u>はどれか。
①十五夜は旧暦での8月15日の日付におこなう
②十五夜の月は必ず満月である
③十五夜には作物の収穫を祝い、おだんごを供えるなどの行事もおこなった
④十五夜の行事は日本では平安時代にすでにおこなわれていた

Q5
チェック

図のAとBの名前の組み合わせが正しいのはどれか。

① A：ティコクレーター　　　B：コペルニクスクレーター
② A：コペルニクスクレーター　B：晴れの海
③ A：雨の海　　　　　　　　B：ティコクレーター
④ A：晴れの海　　　　　　　B：ティコクレーター

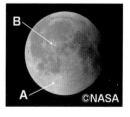
©NASA

Q6
チェック

大潮になるのは、次のうち、どの月が
見られるころか。
①上弦の月　②三日月
③下弦の月　④新月

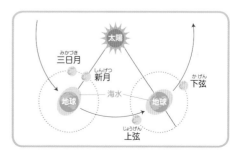

A1

④ およそ 10 年

解説 ▶▶▶ 月までの平均距離は約 38 万 km である。時速 4km で向かったとすると 9 万 5000 時間かかる。つまり約 3958 日、すなわち約 10 年 10 カ月かかる。初めて人類を月まで運んだアポロ 11 号は、地球を出発してから 4 日ほどで月に到着している。

A2

① どこの国の人間か、まちがえないようにするため

解説 ▶▶▶ 宇宙服は、アメリカ、ロシア、中国しか持っていないので、宇宙服を見ても、中の人間の国籍がわかるわけではない。

A3

① 夕方、西の空

解説 ▶▶▶ 三日月は、夕方、太陽がしずんだ後、西の空に輝く。真夜中、南の空に輝くのは、満月前後。明け方、東の空に輝くのは、月齢 27 前後の月（三日月とは反対側が輝く月）である。月は、約 30 日かけて満ち欠けをくり返している。

A4

② 十五夜の月は必ず満月である

解説 ▶▶▶ 毎年十五夜は満月とは限らず、前後のずれが生じることがある。新月（旧暦 8 月 1 日）から十五夜までの日数は決まっているのに対し、新月から満月までの日数は月の動く道筋（軌道）によって日数にばらつきがあるからである。

A5

① A：ティコクレーター　B：コペルニクスクレーター

解説 ▶▶▶ 大きなクレーターの名前は、主に、国際的に業績の認められた科学者や芸術家らの名前からつけられている。ティコは天体観測記録を多く残した天文学者、コペルニクスは地動説を唱えた天文学者である。海の名前は、気象や抽象的なものからつけられていることが多い。

A6

④ 新月

解説 ▶▶▶ 海面は 1 日に 1、2 回上昇と下降をくり返している。海面が高くなるときを満潮、低くなる時を干潮と呼ぶ。潮の干満が発生する主な原因は月の引力である。月・地球・太陽が一直線にならぶときには、満潮と干潮の差が大きくなる大潮になる。満月のときにも大潮となる。

2章

TEXTBOOK FOR ASTRONOMY-SPACE TEST

～太陽と地球～

★ 有人探査は月、そして火星へ

人類は再び月に降り立とうとしている。アメリカ航空宇宙局（NASA）が主導し、日本や欧州も参加する「アルテミス計画」が本格的に動き出した。「アルテミス計画」は、2020 年代半ばに宇宙飛行士の月着陸を目指しており、2022 年 11 月に「アルテミスⅠ」で新型宇宙船「オリオン」を無人で打ち上げ、計画の第 1 段階である月への試験飛行に成功した。次の「アルテミスⅡ」で実際の宇宙飛行士を乗せて月の周辺まで飛行する。さらに「アルテミスⅢ」では、民間企業のスペース X が開発する着陸船なども利用して 2 人の宇宙飛行士が月面に降り立つ予定だ。

1960 年代のアポロ計画とちがって、「アルテミス計画」では「月に人類の活動の拠点を築くこと」が主な目的となる。そして、月周回軌道上に国際協力によって有人拠点「ゲートウェイ」を建設し、将来的に火星探査の拠点とすることなどを目指している。

月で、そして火星で、人類が持続的な活動をおこなえるよう、いま世界中でさまざまなミッションが進められている。

新型宇宙船「オリオン」を搭載し
打ち上げを待つ SLS ロケット
©NASA/Joel Kowsky

月軌道に建設するゲートウェイの想像図。
©Thales Alenia Space

将来の目標は有人火星探査だ　©NASA

ロケットは自分のもっている酸素を使って燃料を燃やし、できたガスを後ろに高速で噴き出した反動で前に進む。ロケットを地球のまわりを回る軌道に乗せるためには、秒速7.9km（時速2万8440km）の速度が必要だ。また、地球の引力を脱出して月や惑星に向かうには秒速11.2km（時速4万320km）の速度が必要となる。ロケットが打ち上げられてから宇宙に着くまでの時間は10分程度だ。

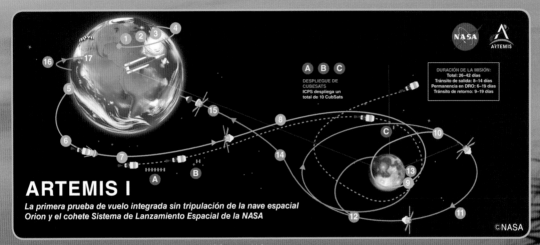

DURACIÓN DE LA MISIÓN:
Total: 26–42 días
Tránsito de salida: 8–14 días
Permanencia en DRO: 6–19 días
Tránsito de retorno: 9–19 días

A B C
DESPLIEGUE DE CUBESATS
ICPS despliega un total de 10 CubSats

ARTEMIS I

La primera prueba de vuelo integrada sin tripulación de la nave espacial Orion y el cohete Sistema de Lanzamiento Espacial de la NASA

©NASA

アルテミスⅠミッションのプロセスを示した図。緑が往路、青が復路を示す。
①打ち上げ ②ブースター、フェアリング、緊急脱出システム分離 ③メインエンジン燃焼終了、分離 ④近地点上昇のための噴射 ⑤地球周回軌道上でのシステムチェック、太陽電池の調整 ⑥月遷移軌道投入のための噴射（20分）⑦オリオンを月遷移軌道に投入してエンジン分離 ⑧月フライバイ（近くを通過）のための軌道修正 ⑨月面から約110キロをフライバイ ⑩月周回軌道投入 ⑪月周回 ⑫月周回軌道から出発 ⑬帰還のために軌道離脱する噴射 ⑭地球帰還軌道に入る噴射 ⑮サービスモジュールからクルーモジュール分離 ⑯地球大気圏突入 ⑰太平洋上に着水

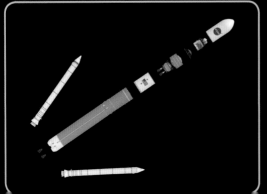

2011年に開発がスタートしてから10年余り、ついにSLSの初号機が打ち上げられた。SLSは全長100m、30階建てビルに相当する世界最大級のロケットだ。中核となるのは高さ65m・直径8.4mのコアステージで、その側面には飛行の前半をサポートする2基の固体燃料ロケットブースターが取り付けられている。
©NASA/MSF

●探査機パーサヴィアランスのローバーがとらえた火星の風の音
©NASA/JPL-Caltech/LANL/CNES/
CNRS/ISAE-Supaéro

1 太陽と季節

太陽は東からのぼり南を通り西へとしずむ。太陽が真南に来る正午ごろに太陽の高さはもっとも高くなる。太陽の高さと季節変化の関係をみてみよう。

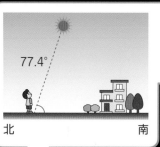

夏（夏至）

1年で一番昼が長い夏至（6月21日ごろ）には、太陽の正午の高さが一年で一番高くなる。南半球は冬になる。

77.4°

北　　　南

北半球が春（春分）の地球

自転　　公転

太陽

北半球が夏（夏至）の地球

北半球が冬（冬至）の地球

図表2-1　地球の公転のようすと東京から見た正午の太陽の高さ

© SPL/PPS

北半球が秋（秋分）の地球

54.0°

北　　　南

春（春分）・秋（秋分）

春分（3月21日ごろ）と秋分（9月23日ごろ）には、昼と夜の長さがほぼ同じになり、太陽は夏至と冬至の中間までのぼる。赤道では、正午の太陽は頭の真上（90°）を通る。

図表 2-2　3月から5月の日没の位置の変化。日没の位置がだんだん右（北）に移動していくようすがわかる。

　夏と冬では、同じ昼間でも太陽の高さがちがうし、昼の長さもちがう。これを説明するために、地球の1年間の動きを見てみよう。

　図表2-1のように、地球は1年かけて太陽をめぐる公転をし、場所を変えていく。一方、地球は、太陽に対しななめにかたむいて1日1回の自転もしている。そのため、自転の軸が太陽の方にかたむく**夏至**に、太陽高度が高くなり、日が当たっている時間も長くなる。逆に自転の軸が太陽と反対方向にかたむく**冬至**は、太陽の高度が低く、日が当たっている時間も短くなる。

冬（冬至）

1年で一番夜が長い冬至（12月22日ごろ）には、太陽の正午の高さが一年で一番低くなる。南半球は夏になる。

30.6°

北　　　　　　　南

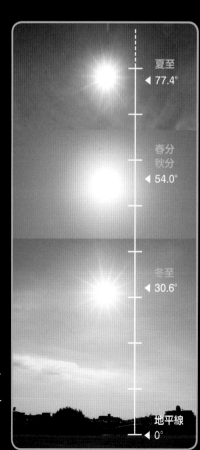

夏至
◀ 77.4°

春分
秋分
◀ 54.0°

冬至
◀ 30.6°

地平線
◀ 0°

　日没のようすを春分ごろの3月から夏至前の5月にかけて撮影した（図表2-2）。夏至に近づくと、日没の位置がどんどん右、つまり北寄りになっていくのがわかる。図表2-3でも春分にくらべ、夏至の方が太陽高度が高く、より北に近い。両方とも夏至の方が北寄りの経路で太陽が動くためだ。

図表 2-3　図中に示した太陽の見える角度は、北緯36度（東京の緯度）での値。
© コーベットフォトエージェンシー／NAOKI UEHARA

2章

2 太陽の表面

太陽を望遠鏡で観測すると、その表面にはいろいろな模様があり、さまざまな現象が起こっている。時には、すさまじい爆発現象も起こっているのだ。

1 太陽の黒いしみ

　太陽を天体望遠鏡で観察していると、表面にしみのような模様（図表2-4）が見られることがある。これは**黒点**と呼ばれるもので、太陽表面にはりついた模様などではなく、まわりよりも温度が低いために暗く見えている場所だ。なお、太陽の観察は、正しい知識をもっておこなわなければたいへん危険なので、注意が必要である。

　黒点は、とくに暗く見えるところと、そのまわりのやや暗く見えるところがある。それぞれ、暗部、半暗部という。また、黒点のまわりなどに明るく見える部分は白斑という。白斑だけが見えることもある。

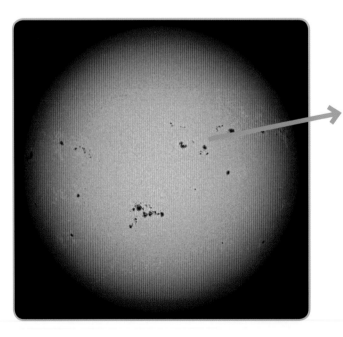

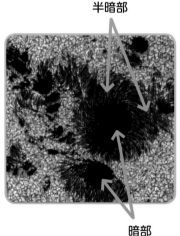

半暗部

暗部

図表 2-4
太陽表面にしみのように見える黒点
左：©Superstock/PPS、
上：©SPL/PPS

038

黒点は形を変化させながら、消えたり現れたりする。太陽の表面がさかんに活動している証拠である。太陽の活動が活発なときに黒点は増える。

太陽を数日間連続して撮った写真（図表2-5）を見ると、黒点が東から西に移動しているのがわかる。これは太陽が自転しているためだ。

太陽はガスのかたまりなので、場所によって自転速度がちがう。赤道付近では約25日で一回転するが、太陽の北極・南極近くでは30日あまりである。ちなみに、地球から観測すると、太陽の赤道付近が27日で一回転しているように見える。これは地球が公転しているためだ。

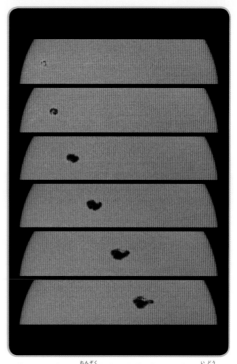

図表 2-5　太陽の連続写真。黒点が左から右へ移動しているのがわかる。
© Superstock/PPS

② 太陽表面の爆発現象

特別なフィルターを通すと、太陽の縁や表面にもやもやした雲のようなプロミネンス（紅炎）が見える。光球（☞図表2-8）の上に浮かぶ雲のようなものだ。これは、皆既日食の時には、ピンク色に輝いて見える。また、時として、黒点やプロミネンスのあたりが非常に明るく輝くことがある。これはフレアといい、太陽の表面で爆発が起こったものだ。フレアは数分〜数時間輝いて消える。フレアは放射線を発生させるので人工衛星などの故障の原因になったり、宇宙飛行士の体に害をもたらしたりする。

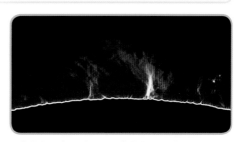

図表 2-6　プロミネンス　© Science Source/PPS

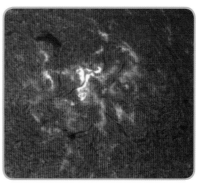

図表 2-7　明るい部分がフレア　©国立天文台

3 太陽のすがお

太陽の正体は、ばく大なエネルギーを放出し続ける高温の
巨大なガス（気体）の球だ。その正体にせまろう！

1 太陽の大きさと構造

太陽は高温なガス（気体）の球だ。表面の温度は約6000℃、中心は1400万℃ほど
にもなる。明るく輝く表面は光球という。気体なので固くはない。太陽に地面はない
のだ。光球の上空はコロナがおおっている。コロナと光球の間の彩層は、ピンク色に
輝き、特殊なフィルターを使うと見ることができる。

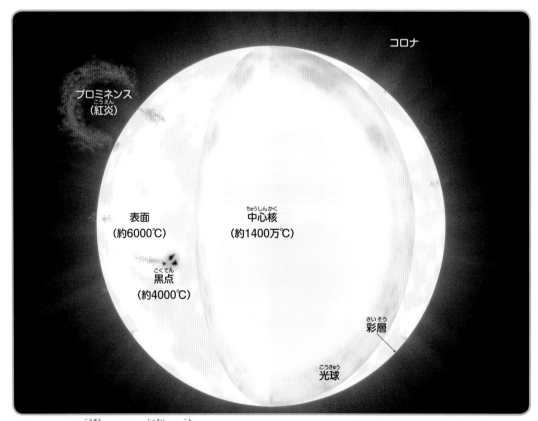

図表2-8　太陽の構造イメージ。実際とは異なるイメージ図。

太陽は「燃えて」はいない。中心で核融合反応が起こり、すさまじい熱が発生しているのだ。それが表面に伝わり、熱くなって光を出している。太陽は巨大なので中心の熱が表面に伝わるまで1000万年もかかる。いま熱が発生しなくなったとしても、太陽はすぐには暗くならない。

太陽は非常に巨大だ。直径は約139万2000kmである。これは地球が109個ならぶ大きさであり、地球と月の平均距離の3倍以上におよぶ。時速1000kmの飛行機で太陽を一周すると180日ほどもかかる。太陽の体積は、地球の130万倍だが、質量は33万倍しかない。これは太陽がガス（気体）の球だからだ。それでも密度は水よりも大きい。ガス（気体）でもぎゅっと縮こまっているのだ。

太陽は、ばく大なエネルギーのほとんどを光と熱として放出している。約1億5000万km離れた地球でも、畳1枚あたり3000W近いエネルギーを受け取る。これは電気ストーブを3台をつけられるほどのエネルギーだ。

② 太陽風

太陽からやってくるのは光や熱だけではない、電気を帯びた原子や電子の風、**太陽風**も吹き出している。太陽風は3日ほどで地球に到達する。太陽風はフレアなどが原因でとても強く吹くことがある。そのときに地球で放送や通信の電波が乱れたり、人工衛星などが故障することもある。しかし、太陽風が地球に直接あたることはない。地球は巨大な磁石になっていて、磁力で太陽風をさえぎるからだ（図表2-9）。オーロラは、太陽風の影響で発生する。北極や南極の近くでよく見られるのは、他の場所では電子や原子が入りこめないからだ。

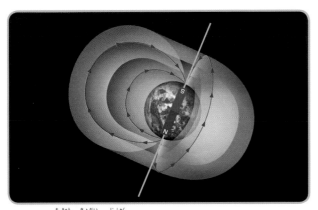

図表 2-9　地球は巨大な磁石

図表 2-10　オーロラ ©SPL/PPS

④ 日食と月食の起こるわけ

天体の動きがつくり出す現象のなかには、まさに、奇跡と呼ぶしかない神秘的なものがたくさんある。ここでは、その奇跡の天体ショーのしくみを解き明かそう。

太陽

太陽・月・地球が一直線にならび、地球から見たときに、太陽を月がかくしてしまう現象を**日食**という。とくに完全に太陽をかくしてしまう場合を**皆既日食**、一部をかくす場合を**部分日食**という。

太陽と月と地球が一直線にならんでいても、おたがいの距離の関係で太陽が完全に月にかくされない場合がある。その場合はリングのように見えることから**金環日食**という。「環」は円形という意味がある。日食はめずらしい現象だと思われがちだが、毎年地球上のどこかでは見ることができる。日食は新月のときしか見られない。

太陽と地球と月が一直線にならんだとき、月は地球が宇宙空間につくるかげの中に入ってしまう。この現象を**月食**といい、月の一部が地球のかげに入るときを**部分月食**、月全体がすっぽりとかげに入るときを**皆既月食**という。月食は満月のときしか見られない。

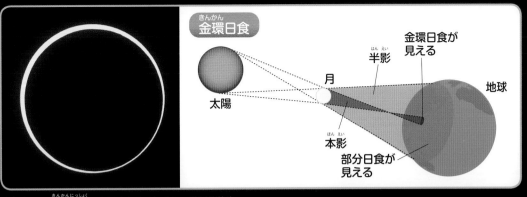

金環日食 (きんかん)

太陽　月　半影 (はんえい)　金環日食が見える　地球　本影 (ほんえい)　部分日食が見える

図表 2-11　金環日食 (きんかんにっしょく) のようすとそのしくみ　ⓒ渡部義弥

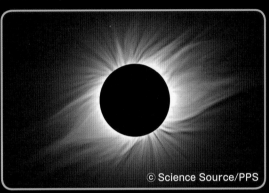

図表 2-12
皆既日食 (かいきにっしょく)。ふだんは見 (み) えないコロナが白 (しろ) く輝 (かがや) いている。表面温度 (ひょうめんおんど) が6000℃の太陽から出 (で) ているのに、コロナの温度 (おんど) は100万 (まん) ℃以上 (いじょう) もある。なぜ高温 (こうおん) になるのかはなぞである。

ⓒ Science Source/PPS

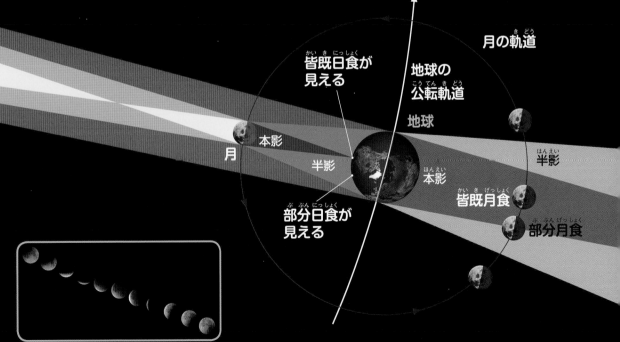

月の軌道 (きどう)

皆既日食 (かいきにっしょく) が見える

地球の公転軌道 (こうてんきどう)

地球

月　本影　半影　本影 (ほんえい)　半影 (はんえい)

皆既月食 (かいきげっしょく)

部分日食 (ぶぶんにっしょく) が見える

部分月食 (ぶぶんげっしょく)

図表 2-14
月 (つき) が地球 (ちきゅう) のかげに入 (はい) るところから出 (で) ていくところまでを連続 (れんぞく) して撮影 (さつえい)。もっともかげに入 (はい) りこんでいる中央 (ちゅうおう) の月 (つき) が真 (ま) っ黒 (くろ) でないのは、地球 (ちきゅう) のまわりの大気 (たいき) が太陽光 (たいようこう) を散 (ち) らして月 (つき) を照 (て) らすためだ。色 (いろ) は夕焼 (ゆうや) けと同 (おな) じ原理 (げんり) で赤 (あか) くなる。ⓒ Alamy/PPS

図表 2-13　太陽・月・地球の順番 (じゅんばん) で3つの天体 (てんたい) がほぼ一直線 (いっちょくせん) にならぶと日食 (にっしょく) が起 (お) こる。なお「軌道 (きどう)」とは天体 (てんたい) が運行 (うんこう) する道 (みち) すじのことだ。

▶▶▶ 太陽はなぜ輝くか？

　太陽はとても明るい。そして熱い。この熱さと明るさは関係がある。太陽は熱いから光り輝くのだ。豆電球に電気を流すと、光を出すとともに熱くなる。熱いものは光を出す性質があるのだ。じつは、私たちの身体も 36℃ くらいの体温があるから、輝いている。ただし、その光は赤外線といって、目には見えない光だ。温度が数百℃から数千℃と高くなると、目で見える光を出すようになるのだ。太陽の表面は 6000℃ であることが知られている。

　では、巨大な太陽が、どうしたらそんなに熱くなるのか？ それが、太陽がなぜ輝くか？ の答えになる。「太陽が燃えているから」と昔の人は考えた。ところが、太陽はたった 1 秒間に、世界人類が 100 万年間使えるだけのエネルギーを出しているのだ。太陽は地球の 130 万倍も巨大だが、全部石炭でできていたとしても、数百万年しかもたない。石油でもガスでもそれはたいして変わらない。地球が誕生してから 46 億年たっているといわれているし、少なくとも 1 億年前には恐竜がいたのだから、これはおかしいということになる。

　そこで、科学者は太陽を熱くし続けるエネルギー源を考えたが、100 年前まで、まったく見当がつかなかった。ヒントが見つかったのは 20 世紀になってからだ。1905 年にアインシュタインは「**相対性理論**」を発表。その中で質量はエネルギーになるということがわかった。太陽の質量は地球の 33 万倍もあるので、計算してみると、太陽がその質量すべてをエネルギーに変えて消滅するなら、1 兆年以上かかる。実際には太陽ぐらいの恒星は 100 億年くらいで輝きがなくなるとわかっているので、消滅せずにすむ。

　この実際のしくみは、後に正体がわかり、**核融合反応**といわれるようになった。

Q1 皆既日食の説明で正しいのはどれか？

①月が太陽を完全にかくす　②月が太陽の一部をかくす
③月の全体が地球のかげに入る　④月の一部が地球のかげに入る

Q2 太陽について説明している文のなかで<u>まちがっている</u>ものはどれか。

①太陽は巨大なガスの球体である
②太陽は自転している
③太陽の直径は地球を11個ならべたのとだいたい同じ
④太陽内部では核融合反応が起こっている

Q3 太陽風が原因として起こす現象でないものはどれか。

①大規模停電　②人工衛星の故障　③オーロラ　④たつまき

Q4 春分の日、秋分の日について正しく説明した文章は次のうちどれか。

①年によらず、日本の春分の日は3月21日、秋分の日は9月23日と決まっている
②日本では、春分の日が一番昼が長く、秋分の日が一番夜が長い
③赤道上で、昼の12時にできるかげの長さが一年でもっとも長くなるのが春分の日と秋分の日である
④南半球では、日本が春分の日のときは秋であり、日本が秋分の日のときは春である

Q5 アルテミス計画についての説明で<u>まちがっている</u>のはどれか。

①アメリカ航空宇宙局（NASA）が主導している
②日本は参加しない
③月面着陸船はスペース X 社が開発する
④将来の有人火星探査へつなげることが目標である

A1 ① 月が太陽を完全にかくす

解説 ▶▶▶ 太陽、月、地球が一直線にならぶとき、地球からは太陽が月にかくされて見え、これが日食と呼ばれる。月が完全に太陽をかくす①の場合が皆既日食で、一部をかくす②は部分日食になる。太陽、地球、月と一直線にならぶときは月食が起こり、③の場合は皆既月食、④の場合は部分月食という。

A2 ③ 太陽の直径は地球を 11 個ならべたのとだいたい同じ

解説 ▶▶▶ 太陽の直径は、地球を 109 個ならべたのとだいたい同じである。地球 11 個分は太陽系最大の惑星木星の大きさだ。

A3 ④ たつまき

解説 ▶▶▶ 太陽からは、電気を帯びた電子や原子の風、太陽風が噴き出している。それが原因で人工衛星が故障したり、地球では放送や通信の電波が乱れたり、大規模停電を引き起こすこともある。オーロラも太陽風によって引き起こされる現象である。

A4 ④ 南半球では、日本が春分の日のときは秋であり、日本が秋分の日のときは春である

解説 ▶▶▶ 昼と夜の長さがほぼ同じになる日を春分、秋分という。北半球の春分の日は 3 月 21 日ごろ、秋分の日は 9 月 23 日ごろだが、年によって数日変動する。赤道上では、春分の日、秋分の日には正午の太陽が真上（90°）を通るので、この時、かげの長さはもっとも短くなる。南半球は北半球とは季節が逆である。

A5 ② 日本は参加しない

解説 ▶▶▶ アルテミス計画は、アメリカ航空宇宙局（NASA）が主導している有人宇宙飛行計画で、2020 年代の半ばまでに人類を再び月面に降り立たせ、将来は火星へ人類を送る有人火星探査のためのステップとして計画されている。日本、オーストラリアなど多数の国が参加し、着陸船の開発運営には民間企業スペース X 社が選ばれた。月のまわりを回る軌道上に建設を計画している月軌道プラットフォームゲートウェイは有人火星探査のための拠点とすることが予定されている。

3章

TEXTBOOK FOR ASTRONOMY-SPACE TEST

～太陽系の世界～

★ 小惑星を調べると何がわかるのか

小惑星は大きなもので直径が950km程度、日本の小惑星探査機「はやぶさ」が着陸したイトカワはわずか500mほどの小さな砂と岩のかたまりである。「はやぶさ」の後継機である「はやぶさ2」が小惑星リュウグウから持ち帰った石を分析した結果、結晶に閉じ込められた水が液体の状態で保存されていたことがわかった。

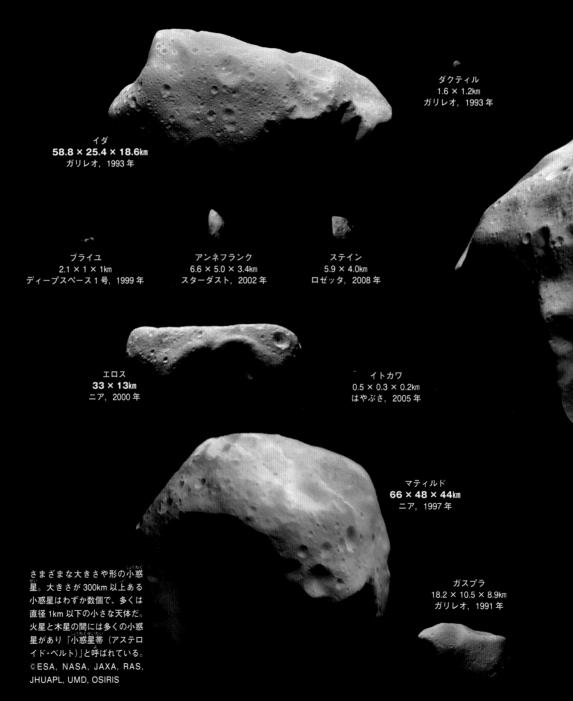

ダクティル
1.6 × 1.2km
ガリレオ，1993年

イダ
58.8 × 25.4 × 18.6km
ガリレオ，1993年

ブライユ
2.1 × 1 × 1km
ディープスペース1号，1999年

アンネフランク
6.6 × 5.0 × 3.4km
スターダスト，2002年

ステイン
5.9 × 4.0km
ロゼッタ，2008年

エロス
33 × 13km
ニア，2000年

イトカワ
0.5 × 0.3 × 0.2km
はやぶさ，2005年

マティルド
66 × 48 × 44km
ニア，1997年

ガスプラ
18.2 × 10.5 × 8.9km
ガリレオ，1991年

さまざまな大きさや形の小惑星。大きさが300km以上ある小惑星はわずか数個で、多くは直径1km以下の小さな天体だ。火星と木星の間には多くの小惑星があり「小惑星帯（アステロイド・ベルト）」と呼ばれている。
©ESA, NASA, JAXA, RAS, JHUAPL, UMD, OSIRIS

小惑星は約46億年前に太陽系が生まれた当時の物質をそのまま保持していると考えられており、小惑星を調べることによって太陽系や地球の成り立ち、生命の起源と進化の過程を知る手がかりを得ることが期待されている。

3 章

太陽系の世界

ハレー彗星
16 × 8 × 8km
ヴェガ,
1986 年

ルテティア
132 × 101 × 76km
ロゼッタ, 2010 年

ボレリー彗星
8 × 4km
ディープスペース 1 号,
2001 年

テンペル彗星
7.6 × 4.9km
ディープインパクト,
2005 年

ヴィルト第 2 彗星
5.5 × 4.0 × 3.3km
スターダスト,
2004 年

3章

① 太陽系の天体たち

図表 3-1　太陽系の惑星たち

太陽

直径：139万2000km
質量：地球の33万倍
太陽の質量は太陽系
の全質量の約99%

木星

直径：14万2984km
質量：地球の318倍
木星の質量は他の太
陽系全惑星をすべて
あわせた倍以上

水星

直径：4879km
質量：地球の0.06倍
木星の衛星ガニメデ、
土星の衛星タイタン
より小さい惑星

金星

直径：1万2104km
質量：地球の0.8倍
地球から見ると、太
陽、月についで明る
い天体

地球

直径：1万2756km
質量：1倍
大気の20%は太古
の生物が光合成で
つくりだした酸素

火星

直径：6792km
質量：地球の0.1倍
重力が地球の約
40%しかないため
大気がうすい

彗星

主成分は氷やチリな
ど。地球から見ると、
ぼんやりとひろがった
感じに見え、時に、尾
を引いた姿でとどまっ
て見える（☞15ページ）

水星：5800万km

金星：1億820万km

地球：1億4960万km

火星：2億2790万km　　木星：7億7830万km　　土星：14億2670万km

土星（どせい）

直径：12万536km
質量（しつりょう）：地球の95倍
太陽系惑星でもっとも平均（へいきん）
密度（みつど）が低くて水より軽い

天王星（てんのうせい）

直径：5万1118km
質量（しつりょう）：地球の15倍
1781年、ウィリア
ム・ハーシェルが
観測（かんそく）によって発見

海王星（かいおうせい）

直径：4万9528km
質量（しつりょう）：地球の17倍
1846年、ドイツの
ガレが発見

小惑星（しょうわくせい）

岩石が主成分（しゅせいぶん）。球形のも
のは少なく、デコボコし
た丸みをもった不規則（ふきそく）
な形をしている。大きく
ても直径数百kmほど。
火星と木星の間を公転（こうてん）
しているものが多い。

水金地火木土天海（すいきんちかもくどってんかい）。これは太陽に近い順番に水星（すいせい）・金
星（きんせい）・地球（ちきゅう）・火星（かせい）・木星（もくせい）・土星（どせい）・天王星（てんのうせい）・海王星（かいおうせい）という太（たい）
陽系（ようけい）の8つの惑星（わくせい）がならんでいる順番を表した言葉だ。

　太陽系とは、太陽と太陽のまわりを公転（こうてん）する惑星、小（しょう）
惑星（わくせい）、彗星（すいせい）、細かな粒子（りゅうし）など、すべてをふくむまとまり
をいう。下図は太陽を中心に公転する8つの惑星が、太
陽からどのくらい離（はな）れているかを表したものだ。惑星の
横の数字は太陽からの平均距離（へいきんきょり）を表す。

● EPOX1（エポキシワン）（NASA（ナサ））がとらえた
ハートレー第二彗星（すいせい）
©NASA/JPL-Caltech

天王星（おく）：28億7070万km

海王星：44億9840万km（おく）

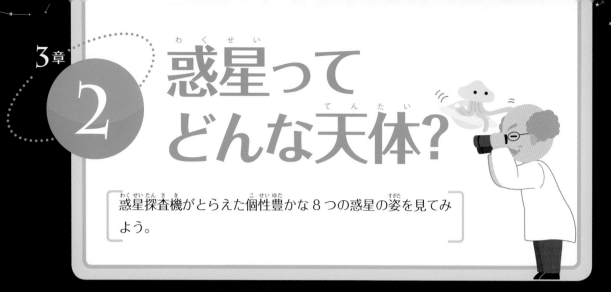

2 惑星ってどんな天体?

惑星探査機がとらえた個性豊かな8つの惑星の姿を見てみよう。

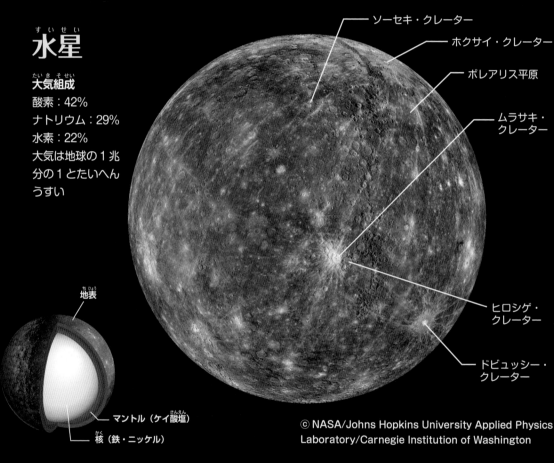

水星

大気組成
酸素：42%
ナトリウム：29%
水素：22%
大気は地球の1兆分の1とたいへんうすい

地表

マントル（ケイ酸塩）

核（鉄・ニッケル）

ソーセキ・クレーター

ホクサイ・クレーター

ボレアリス平原

ムラサキ・クレーター

ヒロシゲ・クレーター

ドビュッシー・クレーター

© NASA/Johns Hopkins University Applied Physics Laboratory/Carnegie Institution of Washington

　大気がほとんどないため、大昔にできたクレーターがたくさん残っている。水星のクレーターには音楽家や作家など芸術家の名前がつけられており、日本人の名前も多い。大きさは月と火星の中間くらいで、8つの惑星のなかでもっとも小さい。夕方の西の空と日の出のころの東の空で見られるが、見つけにくい（☞6章5節）。この画像は、アメリカのメッセンジャー探査機が撮ったもので、コンピュータによって地表の成分のちがいを強調しているので実際に見える色とは異なる。

金星
（きんせい）

大気組成
（たいきそせい）
二酸化炭素：96%
（にさんかたんそ）

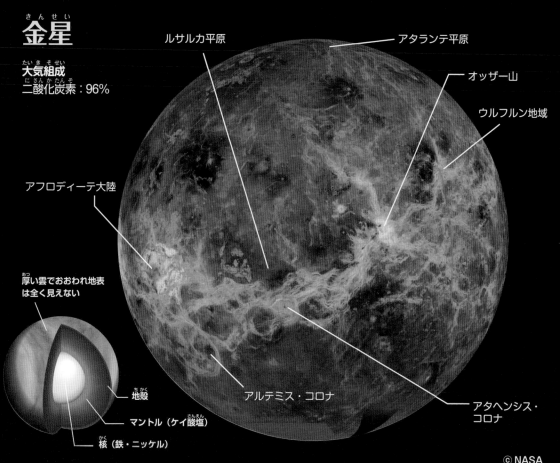

ルサルカ平原

アタランテ平原

オッザー山

ウルフルン地域

アフロディーテ大陸

厚い雲でおおわれ地表
は全く見えない
（あつ）

地殻
（ちかく）

マントル（ケイ酸塩）
（さんえん）

核（鉄・ニッケル）
（かく）

アルテミス・コロナ

アタヘンシス・
コロナ

© NASA

　地球のすぐ内側を回っている金星は、とても厚い大気でおおわれていて天気はいつ
（ちきゅう）　　　　　　　　（きんせい）　　　　　　（あつ）（たいき）
もくもり。写真は探査機マゼランがレーダー電波を使って撮影した厚い雲の下の地表
　　　　　　　　（たんさき）　　　　　　　　（でんぱ）　　　（さつえい）（あつ）
のようす。山脈や火山らしいものなど、さまざまな地形がわかる。大気は96%が二酸
　　　（さんみゃく）　　　　　　　　　　　　　　　　　　　　　　　　　　（に）
化炭素で、強烈な温室効果で熱が宇宙に逃げにくいため、地表は昼も夜も460℃の高
（かたんそ）　　　　　　　　　　（うちゅう）（に）
温である。金星には、宵の明星、明けの明星という別名がある（☞6章5節②）。
　　　　　　　　　（よい）（みょうじょう）（あ）（みょうじょう）

金星も
満ち欠けする！
（きんせい）
（み）（か）

　金星を天体望遠鏡で拡大する
　　　（てんたいぼうえんきょう）（かくだい）
と、月のように三日月型や半月
　（つき）　　（みかづきがた）（はんげつ）
型に見えることがある。地球の
（がた）（み）
近くでは大きく見えるが太陽の
光が当たって輝く部分が少なく
三日月型に見える。遠くにある
ときには小さく見えるが円に近
い形にみえる。

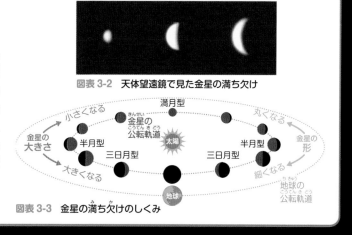

図表 3-2　天体望遠鏡で見た金星の満ち欠け

満月型

小さくなる　　　　　丸くなる

金星の
公転軌道
（きんせい）
（こうてんきどう）

金星の
大きさ

半月型　　　　　　　　半月型

三日月型　　太陽　　三日月型

金星の
形

大きくなる　　　　　細くなる

地球の
公転軌道
（ちきゅう）
（こうてんきどう）

地球

図表 3-3　金星の満ち欠けのしくみ

地球

大気組成
窒素：80%
酸素：20%

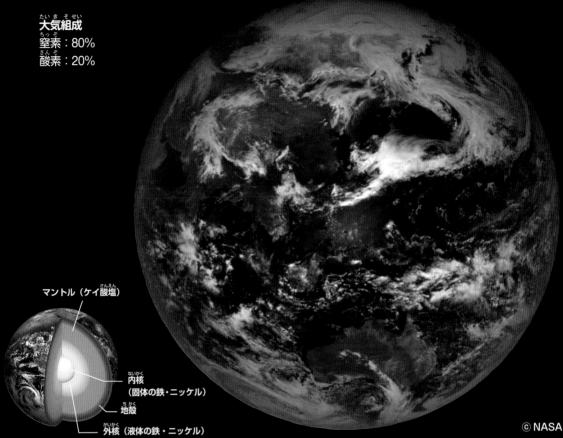

マントル（ケイ酸塩）

内核
（固体の鉄・ニッケル）

地殻

外核（液体の鉄・ニッケル）

© NASA

　わたしたちの住む地球は、太陽系でただひとつ、表面に液体の海をもつ惑星だ。表面のおよそ70%が海でおおわれており、生命にあふれている。

　写真の白い部分の多くは地球大気の雲だが、上部は氷でおおわれた北極である。雲や氷は太陽の光を反射するので、雲や氷の領域が増えると地球は寒くなる。

図表3-4　プレートとは地球表面をおおう厚さ100kmほどの板状の岩石。地球表面に十数枚ある。プレートはゆっくりと流れるマントルに乗って年に数cm移動する。境界部分では火山活動や地震などが発生する。このようなプレートの運動は地球に特徴的だ。他の惑星で現在もプレート運動が起きているはっきりとした証拠はまだ見つかっていない。

火星（かせい）

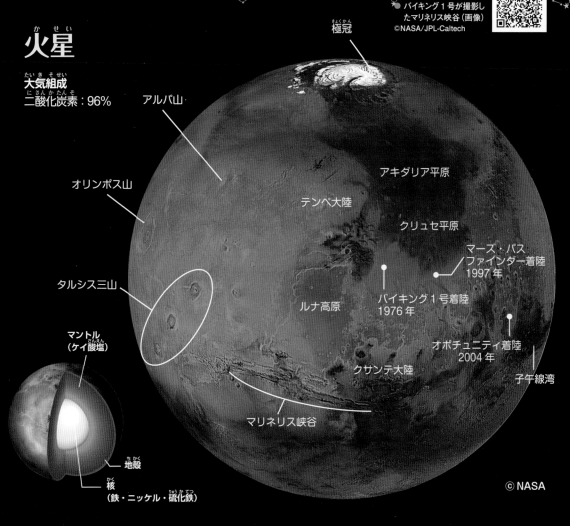

大気組成（たいきそせい）
二酸化炭素（にさんかたんそ）：96%

アルバ山

オリンポス山

タルシス三山

マントル
（ケイ酸塩（さんえん））

地殻（ちかく）

核（かく）
（鉄・ニッケル・硫化鉄（りゅうかてつ））

極冠（きょくかん）

アキダリア平原

テンペ大陸

クリュセ平原

マーズ・パス
ファインダー着陸
1997年

バイキング1号着陸
1976年

オボチュニティ着陸
2004年

子午線湾

クサンテ大陸

マリネリス峡谷

ルナ高原

● バイキング1号が撮影し
たマリネリス峡谷（画像）
©NASA/JPL-Caltech

© NASA

火星（かせい）の直径は地球の約半分である。火星の大地には、古いクギによく見られる赤サビの成分（せいぶん）である酸化鉄（さんかてつ）がたくさんふくまれているため、赤く見える。火星の北極（ほっきょく）・南極（なんきょく）は二酸（にさん）化炭素（かたんそ）の白い氷（ドライアイス）でおおわれており、その下には凍（こお）った水があると考えられている。また、地表にはかつて水があったと思われる地形がみつかっている。

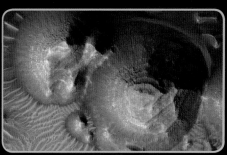

図表3-6 アラビア大陸（たいりく）と呼（よ）ばれる地域（ちいき）には、階段状（かいだんじょう）に何層にも重なった岩山がいくつもある。この堆積岩（たいせきがん）がどのようにしてできたのかはまだよくわかっていない。

© NASA/JPL-Caltech/University of Arizona

オリンポス山（2万5000m）

富士山（3776m）

図表3-5 火星には太陽系（たいようけい）最大といわれる火山オリンポス山がある。

● アラビア大陸（たいりく）（画像）

木星

大気組成

水素：81%

ヘリウム：17%

大赤斑

大赤斑は台風のような巨大な風の渦巻きである。

液体分子水素

核（岩石・氷）

大気層

液体金属水素、ヘリウム

© NASA/JPL/
University of Arizona

© NASA/JPL-Caltech/SwRI/MSSS/
Betsy Asher Hall/Gervasio Robles

　木星は太陽系最大の惑星で、その直径は地球のおよそ11倍もある。厚い大気につつまれたガス惑星で、地球のような固い地面はない。木星の大気は大部分が水素とヘリウムだが、メタンやアンモニアなどもふくまれている。上空では、それらが小さな氷のつぶになり雲となるが、物質のちがいが色のちがいとなって現れる。さらに木星の自転方向に帯状の雲ができて、白や茶色のしま模様ができるのだ。

図表3-7
木星探査機ジュノーから見た木星の南極側のようす。帯のようなしま模様とは異なり、南極には台風のような渦巻く嵐がいくつも見られた。

土星

大気組成
水素：93%
ヘリウム：5%

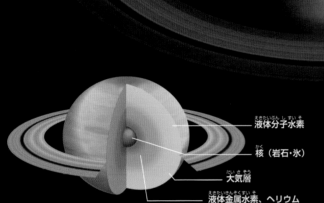

© NASA/JPL-Caltech/Space
Science Institute

液体分子水素

核（岩石・氷）

大気層

液体金属水素、ヘリウム

　土星は大きく美しい環をもつ惑星だ。環の正体はCDのような円盤ではなく、大小無数の氷からできている。よく見ると、環が多くの細い筋になっている。これは、土星のまわりを回る衛星などの影響で、環を形づくる氷が回りやすい部分と回りにくい部分ができるためである。環の場所によっては、すき間ができたりする。

土星の公転と環の見え方

　土星は27°かたむいたまま、太陽のまわりを約29.5年かけて一周する。そのため、地球から土星を見ると環のかたむきが変化して見える。

　環の厚みがきわめてうすいため、地球から環を真横から見ることになる数日間は、環を見ることができなくなる。

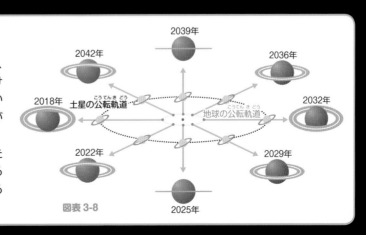

2039年
2042年
2036年
2018年 土星の公転軌道 地球の公転軌道 2032年
2022年 2029年
2025年

図表 3-8

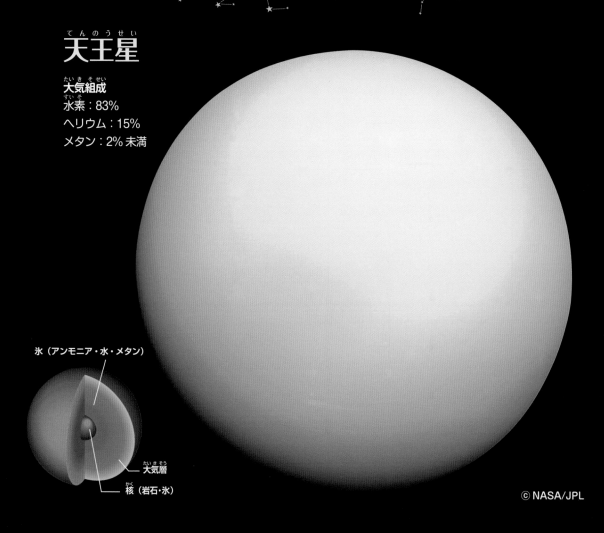

天王星
てんのうせい

大気組成
たいきそせい

水素：83%
すいそ

ヘリウム：15%

メタン：2% 未満

氷（アンモニア・水・メタン）

大気層
たいきそう

核（岩石・氷）
かく

© NASA/JPL

天王星は真横にたおれたまま太陽のまわりを回っている。そのため、地球の北極や南極のように、太陽がしずまない日、または太陽がのぼらない日が何年も続く場所が、惑星の大部分をしめる。昔、火星から地球くらいの大きさの天体がぶつかって横だおしになったのではないかと考えられている。

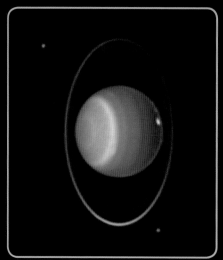

図表 3-10　赤外線の波長で撮影したもので、細い環が写っている。白っぽい帯状の構造は濃い雲の層で、右側の赤色の部分は高層雲があるところだ。
© NASA/JPL/STScI

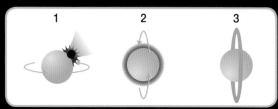

図表 3-9　天王星の衛星の軌道も同じく横だおしになっていることから、衝突があったのは太陽系ができたてのころと考えられている。

海王星
かいおうせい

大気組成
たいきそせい

水素：84%
すいそ

ヘリウム：12%

メタン：2%

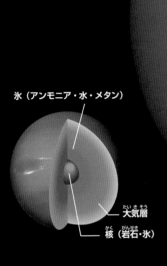

氷（アンモニア・水・メタン）

大気層
たいきそう

核（岩石・氷）
かく　がんせき

　海王星と天王星はよく似た惑星で、どちらも太陽から遠いので、表面温度はマイナス200℃以下と冷たく、内部のほとんどは水やメタン、アンモニアが凍った、氷状の海でできている。大気成分もほぼ同じで、水素、ヘリウム、メタンなどが無数の氷の粒になって雲のように浮かんでいる。青く見えるのは赤い光を吸収するメタンの性質によるものだ。海王星表面にだけ暗斑などの模様が見えるのは、天王星より内部温度が高いのが原因と考えられる。

図表3-11　ジェームズ・ウェッブ宇宙望遠鏡が撮影した海王星。くっきりと見える2本の細い環の間にもチリでできたうすい環がかすかに写っている。© NASA, ESA, CSA, STScI

★ ニューホライズンズの長い旅

　2015年7月14日、アメリカの探査機「ニューホライズンズ」が打ち上げから約9年半かけて、ついに冥王星に最接近した。

　冥王星は海王星の軌道よりもさらに外側にある、小さな天体が集まった領域を回っている。遠すぎて、これまでハッブル宇宙望遠鏡でもその姿をはっきりと見ることができなかったが、ニューホライズンズは特徴的なハートマーク（トンボー地域）をはじめ、メタンの雪が積もった山々や凍った窒素の池など、地表のようすまではっきりととらえた。

　また、2019年1月1日には、地球から約65億km離れた小惑星アロコス（2014 MU69）に最接近し、これまでで最も遠い場所での探査に成功した。ニューホライズンズは、今後も別の天体の探査をおこなう予定だ。

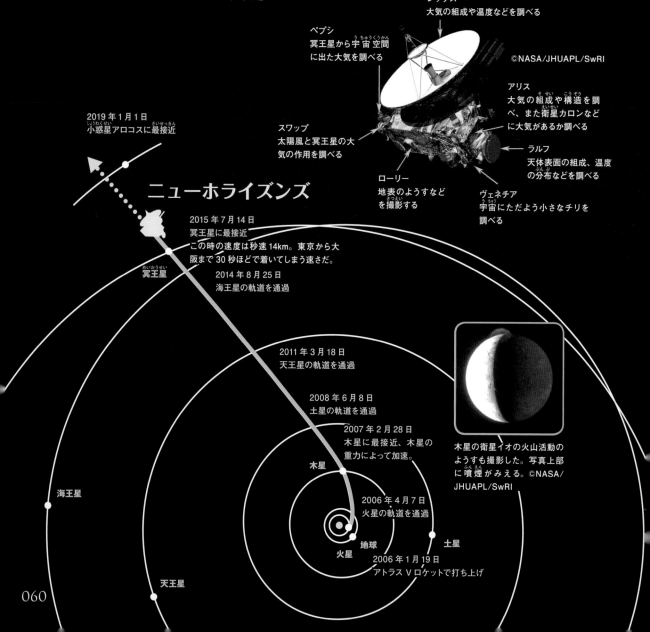

レックス
大気の組成や温度などを調べる

ペプシ
冥王星から宇宙空間に出た大気を調べる

©NASA/JHUAPL/SwRI

アリス
大気の組成や構造を調べ、また衛星カロンなどに大気があるか調べる

スワップ
太陽風と冥王星の大気の作用を調べる

ラルフ
天体表面の組成、温度の分布などを調べる

ローリー
地表のようすなどを撮影する

ヴェネチア
宇宙にただよう小さなチリを調べる

2019年1月1日
小惑星アロコスに最接近

ニューホライズンズ

2015年7月14日
冥王星に最接近
この時の速度は秒速14km。東京から大阪まで30秒ほどで着いてしまう速さだ。

2014年8月25日
海王星の軌道を通過

冥王星

2011年3月18日
天王星の軌道を通過

2008年6月8日
土星の軌道を通過

2007年2月28日
木星に最接近、木星の重力によって加速。

木星

2006年4月7日
火星の軌道を通過

海王星

地球
火星

土星

2006年1月19日
アトラスⅤロケットで打ち上げ

天王星

木星の衛星イオの火山活動のようすも撮影した。写真上部に噴煙がみえる。©NASA/JHUAPL/SwRI

バーニー・クレーター

エリオット・クレーター

ボイジャー大陸

スプートニク平原

ハヤブサ大陸

トンボー地域

ヒラリー山

冥王星
（めいおうせい）

直径：2370km
質量：地球の 0.002 倍
公転周期：およそ 248 年
自転周期：およそ 6 日

大気組成
窒素：90%

メタン：10%
ほか一酸化炭素

冥王星は 1930 年にアメリカの天文学者クライド・トンボーが発見し、当時は太陽系の 9 番目の惑星とされていたが、2006 年に「準惑星」に変更された（☞ 3 級テキスト 5 章 3 節）。主に窒素やメタン、一酸化炭素の氷でできている。もっとも太陽に近づくとき、海王星の軌道の内側に入る。

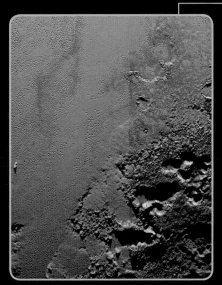

スプートニク平原のとなりには 2500m もの高さの高地が広がり、その境目はぎざぎざと入り組んでいる。険しい谷底は窒素の氷でおおわれていると考えられている。
©NASA/Johns Hopkins University Applied Physics Laboratory/Southwest Research Institute

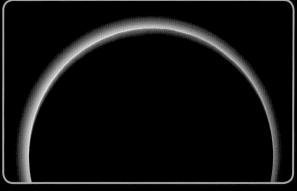

冥王星の大気にはいくつもの青いもやの層が上空 200km の高さにまで広がっていた。
©NASA/Johns Hopkins University Applied Physics Laboratory/Southwest Research Institute

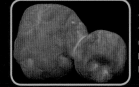

まるで雪だるまのような形をしたアロコス。2 つのかたまりがおたがいの引力でだんだん近づき、合体してできたのかもしれない。
©NASA/Johns Hopkins University Applied Physics Laboratory/Southwest Research Institute

3章

3 環と衛星

太陽系の惑星のうちで衛星をもつ惑星、環をもつ惑星について整理してみよう。

1 環をもつ惑星

木星

木星の環は1979年にボイジャー1号が発見。主成分はチリでうすいため、地上からの観測は困難。

主環

土星

1610年、科学者ガリレオ・ガリレイが初めて土星の環を観測したが、望遠鏡の性能が低かったので、環だとわからなかった。

D環
C環
B環
カッシーニのすき間
A環
E環
G環
F環

天王星

1977年、天王星によって背後の恒星が隠れる前後、恒星の光が何かにさえぎられて弱まる現象が観測されて、環の存在が明らかとなった。

海王星

1989年に、ボイジャー2号によって初めて確認された。

太陽系の惑星のうち環をもつのは木星、土星、天王星、海王星の4つ。土星の環の厚さは、土星を直径30mのガスタンクにたとえると、厚さわずか0.01mmのサランラップよりもうすい。

図表3-12　環の大きさくらべ

② 個性的な衛星たち

惑星のまわりを回る天体を衛星という。太陽系の惑星で衛星をもたないのは水星・金星のみ。木星の衛星のうち、科学者ガリレオ・ガリレイによって発見された4つの衛星（イオ、エウロパ、ガニメデ、カリスト）は、ガリレオ衛星と呼ばれている。

地球
衛星の数：
1個

月

表面全体が古い岩石でおおわれた活動しない衛星としては太陽系最大。

火星
衛星の数：
2個

フォボス

ダイモス

どちらも非常に小さくいびつ。火星の引力にとらえられた小惑星と考えられているが、最近の研究では、地球の月のように、大規模な天体衝突によるかけらから衛星が誕生したのではないかという説もある。

木星
衛星の数：
72個

イオ

エウロパ

ガニメデ

カリスト

ボイジャー1号により、地球以外で初めて火山活動が確認された。黒い点は溶岩噴出口。

イオと同様に木星や他の衛星の引力の影響を受けて衛星が伸縮して熱が発生している。

太陽系の衛星のなかで最大。水星よりも大きい。

水星とほぼ同じ大きさ。ガリレオ衛星4つは偶然にも内から五十音順にならんでいる。

土星
衛星の数：
66個

ミマス

エンケラドス　テティス　ディオネ　レア

タイタン

氷でおおわれて表面が白く輝いている。氷の下の海に生物の存在が期待される。

窒素の厚い大気がある。2005年、探査機カッシーニから切り離されたホイヘンスが軟着陸に成功。液体メタンの雨、海や川の存在が明らかになった。

天王星
衛星の数：
27個

ミランダ

アリエル

ウンブリエル

ティタニア

オベロン

左の五大衛星はすべて地上からの観測で発見された。イギリスの劇作家シェイクスピアとイギリスの詩人ポープの作品の登場人物から名づけられた。

海王星
衛星の数：
14個

トリトン

海王星最大の衛星。海王星の自転方向とは逆向きに公転していることなどから、海王星の引力につかまった天体と考えられる。

図表3-13　太陽系の主な衛星の大きさ比べ。左から惑星に近い順にならんでいる。衛星数は、2022年12月時点で、存在が確定された衛星のみ。木星・土星は未確定のものをふくめると、それぞれ82個、86個（うち3個は同一天体もしくは粒子塊である可能性があり、それらを除くと83個）発見されている。
©NASA

3
章

太陽系の世界

063

④ 惑星のリズム

　ここで少しおさらいしておこう。地球をふくめ8つの惑星はすべて太陽のまわりのほとんど同じ面の上を規則的に回っている。これを**公転**といい、惑星はみんな同じ向きに公転している。地球は365日（1年）で太陽のまわりを一周する。公転のスピードは太陽に近い惑星ほど速く、水星は88日で一回りしてしまう。

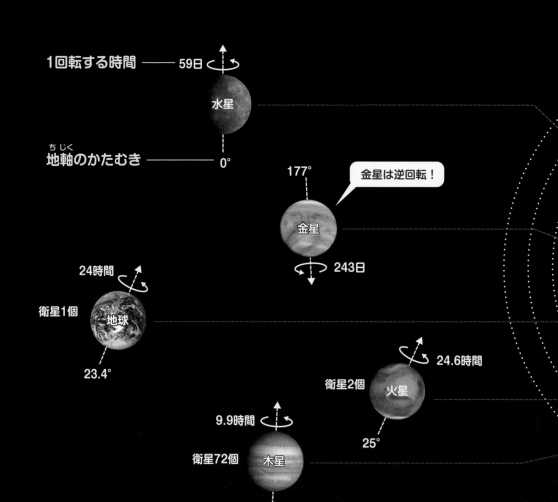

1回転する時間 —— 59日

水星

地軸のかたむき —— 0°

177°

金星は逆回転！

金星

243日

24時間

衛星1個

地球

23.4°

24.6時間

衛星2個

火星

25°

9.9時間

衛星72個　木星

3°

図表 3-14　太陽系の惑星の動きをかんたんに表した図

惑星自身も回転していて、地球は 24 時間（1 日）で一回転する。これを**自転**といい、惑星はみんな同じ向きに西から東へ自転しているが、金星だけは逆向きだ。

また、それぞれの惑星は少しかたむいたまま太陽のまわりを公転しており、地球のかたむきは 23.4°。天王星はほぼ真横にたおれた状態で太陽のまわりを回っている！

惑星のまわりを回っているのは**衛星**だ。月は地球のまわりを回る衛星。木星や土星のような大きな惑星のまわりには衛星がたくさんある。

※図表 3-14 のそれぞれの惑星の大きさと太陽からの距離は実際とは異なるので注意。

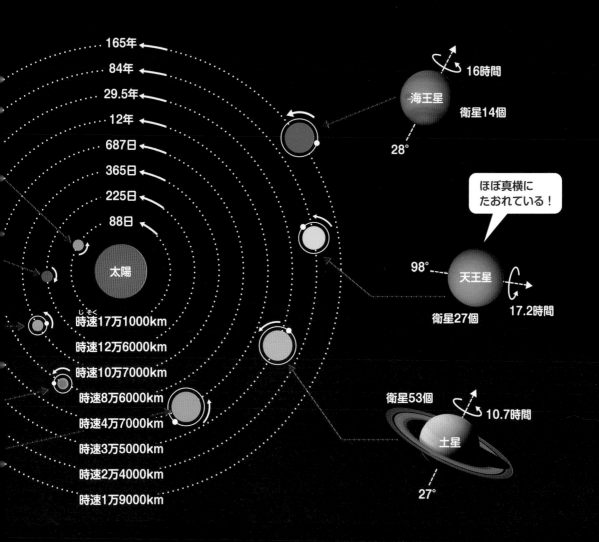

- 165年
- 84年
- 29.5年
- 12年
- 687日
- 365日
- 225日
- 88日

時速17万1000km
時速12万6000km
時速10万7000km
時速8万6000km
時速4万7000km
時速3万5000km
時速2万4000km
時速1万9000km

太陽

海王星　16時間　衛星14個　28°

ほぼ真横にたおれている！

天王星　98°　17.2時間　衛星27個

土星　衛星53個　10.7時間　27°

5 流れ星のひみつ

夜空をながめていると、時おりすぅーっとひとすじの光が流れていくことがある。まるで星が流れたように見えるので流れ星と呼ばれているが、流れ星はいったい何が光っているのだろう？

1 流れ星って星じゃないの?!

ほんの1秒足らずで消え去ってしまう流れ星。その正体は宇宙からぶつかってくる砂つぶか小石だ。地球と同じように、太陽のまわりを回っていて、地球と衝突し、大気の中に飛びこんできた時に光って見えるのが流れ星なのだ。まるですぐ近くに落ちてきたように思えるが、実際はおよそ100kmもの上空で光っている。そんなに遠くにある小さな物が、なぜあれほど明るく光って見えるのだろうか。それは砂つぶのスピードにひみつがある。速いものでは秒速70km！新幹線でも秒速0.08kmだから1000倍もの速さだ。ものすごいスピードで大気とぶつかって熱くなり、まわりの大気

図表3-15 流れ星（右下の線のように写っているのが流れ星）

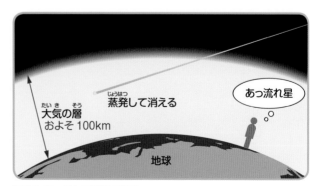

図表3-16 流れ星が光る場所

蒸発して消える

あっ流れ星

大気の層
およそ100km

地球

とともに光っている現象が流れ星だ。流れ星にはオレンジ色や青白など色がついて見えることもあるので、よく観察してみよう。砂つぶは大気の中で蒸発してしまうが、流れ星の元のつぶが大きな物だと**火球**というとても明るい流れ星が見られる。さらに大きな物だと、蒸発しきれずに地上に落ちてくることがある。それが**隕石**だ。

図表 3-17　日本で一番大きな気仙隕石　写真提供：国立科学博物館

豆辞典

人工衛星を見よう

ずっと空をながめていると、星のような小さな光の点が1〜2分かけて空を横切っていくことがある。人工衛星に太陽の光が反射して見えているのだ。夕方や明け方にとくに見えやすい。流れ星の観察中にも見られるかも。

② 流れ星がたくさん見られる流星群

　流れ星は、ふだん1時間に数個しか見えない。はじめて流れ星を観察するなら**流星群**がおすすめだ。毎年決まった時期に多くの流れ星が流れるからだ。ある星座を中心にして放射状に流れるように見えるので、その星座の名前をつけて、○○座流星群と呼ぶ。流れ星が飛び出す中心となる点を**放射点**という。図表3-18は、とくに多くの流れ星が出現することで知られる三大流星群で、空の暗いところならば1時間に20〜60個くらい見られる。

　放射点が地平線付近にあるときは流れ星は少なく、放射点が空高くなるにつれて流れ星が多く現れる特徴がある。観察するときは放射点が高くなるころをねらってみよう。

※しぶんぎ座は現在の88星座にはないが、放射点がかつてのしぶんぎ座にあることからそう呼ばれている。

図表 3-18　三大流星群の見える時期

毎年見られる主な流星群	多くみられる日
しぶんぎ座流星群※	1月4日ごろ
ペルセウス座流星群	8月13日ごろ
ふたご座流星群	12月14日ごろ

図表 3-19　しし座流星群 ©SPL/PPS

▸▸▸ 2025年、土星の環がなくなる?!

　土星のトレードマークの環が時どき見えなくなることがある。土星は環を約27°かたむけたまま太陽のまわりを約29.5年かけて公転している。そのため、地球と土星の位置関係で環の見え方が少しずつ変化し13〜15年ごとに土星の環が地球から見て真横になる時がある。その時、まるで環が消えてなくなったかのように見えるのだ。小型望遠鏡でもはっきり見える環はA環、その内側にB環があり、A環の直径は27万kmほどある。しかし、厚みはせいぜい10〜100mくらいしかないと考えられている。もし、土星を直径30mのガスタンクにたとえると、環の直径は68mくらいあるが、厚さは0.00001mmほどしかなく、サランラップよりもうすいのだ。地上からの望遠鏡では見えなくなるのも無理はない。

　じつは、ガリレオ・ガリレイが1612年に望遠鏡で見た土星がこの状況だった。1、2年前まで土星の左右に見えていた構造がなくなり（当時それが環だとはわかっていなかった）、単なる丸い惑星になってしまったのだから、びっくりしたことだろう。ガリレオは興味を失ったのか、しばらくの間、土星の観察をやめてしまったらしい。なんと残念なことだろう！環が真横になると、それまで環にかくれていた衛星を見つけやすくなり、明るい環が見えなくなることで淡い環を見つけやすいチャンスでもあるのに。

　さて、2025年は3月24日に地球から見て環が真横になる。そして、5月7日には環の真横から太陽の光が当たるため環の表面が暗くなり、やはり環がほぼ見えなくなる。残念ながら両日ともその時期は土星が太陽に近いため観察は難しいが、2024〜2025年は環がかなり細く見える。2023年から観察を続けていると環のかたむきの変化がわかっておもしろいはずだ。

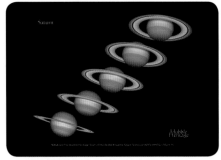

ハッブル宇宙望遠鏡が撮影した1996〜2000年の土星の環の変化
© NASA and The Hubble Heritage Team (STScI/AURA)

ハッブル宇宙望遠鏡が撮影した1995年8月6日の土星。真横になった環とその左上の衛星タイタンが、土星本体に黒いかげを落としている。環の右はしに見える点々も衛星。
© Erich Karkoschka (University of Arizona Lunar & Planetary Lab) and NASA/ESA

Q1
チェック

次の文章は、ある惑星の特徴を表したものである。太陽系のどの惑星のことか？
「大気のほとんどは二酸化炭素でできており、地表は昼も夜も460℃もの高温である。山脈や火山など、さまざまな地形がある。」

①水星　②金星　③地球　④火星

Q2
チェック

地球にはあるが他の惑星には現在ないと思われている特徴は次のうちどれか？

①大気がある　　②クレーターがある
③水の氷がある　④プレート運動によってできる火山がある

Q3
チェック

土星の環について正しく説明しているのは次のうちどれか？

①地上の望遠鏡では環は見えない
②主に2本の太い環でできている
③無数の氷でできている
④地球からはいつも同じ面（北側）しか見えない

Q4
チェック

小惑星のうち一番大きなものは、どれくらいか

①月と同じくらいで直径3000kmほど
②日本の北海道と同じくらいで直径500kmほど
③日本の四国と同じくらいで直径200kmほど
④日本の琵琶湖と同じくらいで直径40kmほど

Q5
チェック

次のうち、もっとも速度が遅いのはどれか？
①地球の公転速度　　②木星の公転速度
③海王星の公転速度　④国際宇宙ステーションの飛行速度

A1 ② 金星

解説 ▶▶▶ 太陽に近い水星も昼間は暑くなるが、大気はほとんどないため熱が宇宙へ逃げてしまい夜は寒くなる。地球にも山脈や火山はあるが、主な大気の成分は窒素と酸素だ。火星の大気もほとんどが二酸化炭素でできているが、大気がとてもうすいため保温効果があまりなく、夜になると冷えてしまう。

A2 ④ プレート運動によってできる火山がある

解説 ▶▶▶ 大気の成分や量はそれぞれの惑星によって異なるが、どの惑星にも大気がある。水星や火星は大気がうすく、風化や侵食もないため地球よりもたくさんのクレーターが残っている。火星の北極・南極は二酸化炭素の氷で覆われており、その下には凍った水があると考えられている。地球の表面は厚さ100kmほどの板状の岩石（プレート）で覆われており、地域ごとにそれぞれ異なるプレートが異なる向きでゆっくりと移動している。このプレートの境界部分では火山が発生しやすい。他の惑星でプレート運動が今も起きている証拠はまだ見つかっていない。ちなみに火星の火山はプレートの境目でできたものではなく、ホットスポットからマグマが噴出してできたと考えられている。

A3 ③ 無数の氷でできている

解説 ▶▶▶ 土星の環は大小さまざまな大きさの氷の粒やかたまりでできている。無数の氷がそれぞれ土星のまわりを回ることで環のように見える。A環・B環は小型望遠鏡でもよく見え、それ以外にもC～G環、その他の淡い環がある。それぞれの環もよく見ると数千本もの細い環が集まったものだ。土星は27°かたむいたまま約29.5年かけて太陽のまわりを公転するため、地球からは環のかたむきが変化して見える。公転の半分の期間は環の北側が見え、残り半分の期間は環の南側が見えるのだ。環が北側から南側に移り変わる瞬間は環が真横になり、環がうすいためほとんど見えなくなってしまう。

A4 ② 日本の北海道と同じくらいで直径500kmほど

解説 ▶▶▶ 最大の小惑星はかつては、直径930kmのケレスだったが、現在は、準惑星という分類になっている。それ以外だと、パラスとベスタが直径500kmあまり。ヒギエアが直径400kmくらいだ。ただ、これらは丸いので将来、準惑星に分類されるかもしれない。その次だとインテラムニアとエウロパ（木星の衛星とは別だ）が300kmあまりと続く。250kmほどのジュノーはじめ200kmほどの小惑星が10個ほど発見されている。一方で、小さな小惑星は15ページの写真のダクティルが1kmくらい。イトカワが500m、はやぶさ2が探査予定の1998 KY26は30m程度と考えられている。さらに小さいと正確に測るのが難しい。

A5 ③ 海王星の公転速度

解説 ▶▶▶ 太陽系の惑星は外側の惑星ほど公転速度が遅い（☞64・65ページ）。もっとも外側を回る海王星は時速1万9000km。一方、国際宇宙ステーションは時速2万8000kmほどで地球を回っている。地球を約90分で1周しており、45分ごとに昼と夜がやってくる。なお、以前は冥王星がもっとも外側を回る太陽系第9惑星とされていた。しかし、2006年に国際天文学連合の決定で、惑星ではなく準惑星となった。

4章

TEXTBOOK FOR ASTRONOMY-SPACE TEST

～星座の世界～

★ 宇宙望遠鏡がとらえた美しい宇宙

「ジェームズ・ウェッブ宇宙望遠鏡（ＪＷＳＴ）」は口径約 6.5m の主鏡をもつ宇宙に浮かぶ望遠鏡である。「ハッブル宇宙望遠鏡」の後継機としてアメリカ航空宇宙局（NASA）、欧州宇宙機関（ESA）、カナダ宇宙庁（CSA）が 1996 年より共同開発を進め、2021 年 12 月 25 日にアリアン 5 型ロケットで打ち上げられた。2022 年 7 月から運用を開始したこの強力な望遠鏡による発見は、まだ始まったばかりだ。今後何十年にもわたってすばらしい成果を届けてくれるだろう。

ジェイムズ・ウェッブ宇宙望遠鏡が初めて公開した「SMACS 0723」と呼ばれる画像。まるで宝石のような色とりどりの天体は単一の星ではなく大量の星が集まった銀河である。この画像には「重力レンズ」と呼ばれる効果によって光の進行方向が歪められた銀河の像が数多くとらえられている。©NASA, ESA, CSA, and STScI

イータカリーナ星雲（NGC 3324）の一部をとらえた画像。巨大な山脈のようにも見えるこの画像は「宇宙の断崖（Cosmic Cliffs）」と呼ばれている。©NASA, ESA, CSA, and STScI

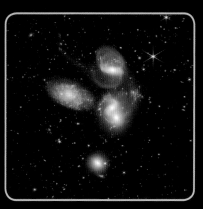

ペガスス座の方向にある「ステファンの五つ子（Stephan's Quintet）」と呼ばれる5つの銀河。左側の1つを除いた4つの銀河は実際に接近しておりコンパクトな銀河群をなしている。©NASA, ESA, CSA, and STScI

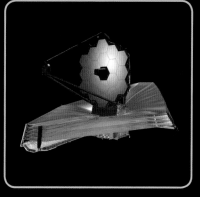

宇宙空間で観測するジェイムズ・ウェッブ宇宙望遠鏡の想像図。©NASA

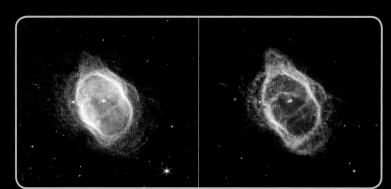

JWSTが撮影した「南のリング星雲（NGC3132）」と呼ばれる惑星状星雲。目には見えない2種類の赤外線（左側が近赤外線、右側は中間赤外線）でとらえたもの。赤外線の種類によって見え方が異なる。©NASA, ESA, CSA, and STScI

星座は カレンダー

4章

① 星座は カレンダー

夜空には季節ごとにいろいろな星がめぐってくる。古代の人が見ていた星空も、今私たちが見ている星空も同じだ。特に星空にえがく星座は、季節によって移り変わるのがわかり、古代の人の生活にも役立つものだった。星空や星座はどのように利用されてきたのだろうか。

1 星座ってなに?

　明るい星をつないでいくと何かの形に見えてくることはないだろうか。4000年以上も前の古代の人々は、毎日変わらない星のならびに、動物や道具などの姿を想像し、星たちをつないでさまざまな形を思いえがいてきた。このような星のならびや集まりを**星座**という。ギリシャなどそれぞれの地方の神話と結びつけられた星座も多い。図4-1の写真のように明るい星をつなぐ**星座線**は星座の形をわかりやすく示すもので、公式な結び方はなく、つなぎかたも自由だ。

図表 4-1 S字状の星のならびは、さそりの姿を思い浮かべやすい形だ。

図表 4-2
南半球の星座は18世紀ごろつくられたので科学機器やめずらしい生き物などが多い。

2 季節を知らせる星

　夜空に見える星座は、時間とともに移り変わっていく。そして、季節ごとに見える星座が変わる。冬ならオリオン座が空高くに見えるし、夏はさそり座が南の空に見える。

　どの季節にどんな星座が見えるのかは決まっているので、これを利用すると、夜空を見るだけで季節の移り変わりがわかる。

　4000年前の古代には紙がなく、本もなく、字を読める人も限られていた。そこで、夜空の星座をめあてにして、季節が移っていくのを知った。冬があとどのくらいで終わるのか、いつごろから暑くなるのかというように、カレンダーがわりに使っていたのだ。

　ちなみに「夏の星座」など、その季節に見ごろの星座は夜8時ごろに外に出ると南の空に見つけやすいものを指す。

図表4-3　星座がカレンダーだった

3 星座はいくつある?

　答えは88個だ。これは、世界共通のものとして公式に決められたものだ。

　ただ、星座は人間が想像でつくった星の結びかたで、何を思い浮かべるかは地域によっていろいろだ。いまでも公式ではないけれど使われているものがある。たとえば、日本で、つりばり星と言われてきたのは、さそり座のことだし、北斗七星は、おおぐま座のしっぽの部分であり、世界各地でさまざまな形に見られてきた（図4-5）。夏の大三角といった結び方も、公式な星座ではないけれど、広く使われている。

図表4-4　北斗七星

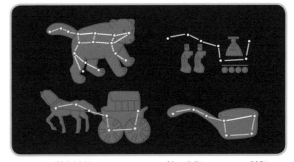

図表4-5　北斗七星は、ギリシャでは熊、古代の中国では皇帝の乗り物、中世のヨーロッパでは馬車、日本ではひしゃくに見たてられていた。

4章

2 星の姿

教室にいる友だちや、まわりの人を見てみると、いろいろな人がいることがわかる。それと同じように、星にもいろいろな姿がある。ここでは、星の明るさや、大きさ、色についてみていこう。

1 星の明るさ

　星の明るさは等級で表す。等級を最初に考えたのは2000年以上も昔のギリシャ人、ヒッパルコスといわれている。彼は星の明るさを6段階に分け、目で見える一番明るい星を1等星、ギリギリ見える星を6等星とした。19世紀には1等星は6等星より100倍明るいとわかった。星の明るさが正確に測れるようになると、1等星の中にも明るさのちがいがあることがわかり、より明るいものは0等級、もっと明るい星は−1等級、さらに明るい星は−2等級……と表すことになった。星座を形づくる星で一番明るい、おおいぬ座のシリウスの明るさは−1.5等級、こと座のベガは0等級だ。ただし、昔から1等星に分類されていたシリウスやベガをふくめ、等級で1.5等級より明るい21個の星はすべて1等星と呼んでいる（☞カバー折り返し部分）。

図表4-6　星の明るさは等級で表す。太陽は−27等級、満月は−13等級だ。1等星は6等星の100倍の明るさがあり、これは例えると、1等星は1km先においたローソク1本の明るさ、6等星は10km先においたローソク1本の明るさのイメージだ。

② 星の大きさ比べ

　太陽の直径は地球の約109倍もあるが、宇宙には太陽よりも大きな星がまだまだある。はくちょう座のデネブは太陽の約200倍、さそり座のアンタレスは太陽の約700倍、オリオン座のベテルギウスは約900倍以上もある。ちなみに、発見されているもので一番大きい星の1つは、たて座のUY星で、なんと太陽の約1700倍もあると考えられている。

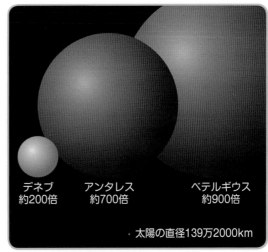

デネブ　　　　アンタレス　　　　ベテルギウス
約200倍　　　約700倍　　　　　約900倍

・太陽の直径139万2000km

図表 4-7　他の恒星は太陽の何倍の大きさだろう（2014年版「理科年表」による）

③ 色のついた星

　人間の目にはほとんどの星は白色に見えるが、すべての星にそれぞれ特有の色がある。色のちがいは、その星の表面温度に関係している。おおざっぱに言って、青白い星が一番温度が高く、10000℃以上もある。そこから白、黄、オレンジ、赤の順に温度が低くなっていく。表面温度が3000℃くらいの星は赤っぽく見える。ただし、実際には他の色の光も出しているので、それらが混ざった光として地球に届く。たとえば、太陽の表面温度は約6000℃で、緑色の光を一番強く出しているが、実際は青や黄や赤などいろいろな色の光を出している。私たちが見ると少し黄色っぽい白色に見える。とは言っても、太陽の観察をするときは、絶対に直接見てはいけない。

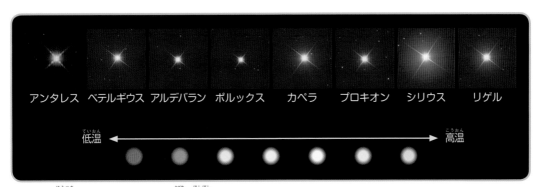

アンタレス　ベテルギウス　アルデバラン　ポルックス　　カペラ　　プロキオン　シリウス　　リゲル

低温 ←　　　　　　　　　　　　　　　　　　　→ 高温

図表 4-8　宝石のようにさまざまな色に輝く星々。
写真右7点：©Mitsunori Tsumura，左1点：©Science Source/PPS

3 動物が夜空を かける春の星空

星座を見つけるコツは、明るい星、または見つけやすい形の星のならびからさがすことだ。春には動物の王様ライオンのしし座やおおぐま座など見つけやすい形の動物の星座が多い。とくに北斗七星は形が覚えやすく、北極星を見つける目印でもあり、どの季節でもたよりになる。

1 春の星座の見つけかたとみどころ

　まずは**北斗七星**をさがそう。北斗七星はほぼ1年中、北の空で見られるが、春の午後8時ごろには北の空の高いところにあり見つけやすい。北斗七星の柄のカーブを図表4-9のように南の方へのばすと、**うしかい座**の1等星**アークトゥルス**、**おとめ座**の

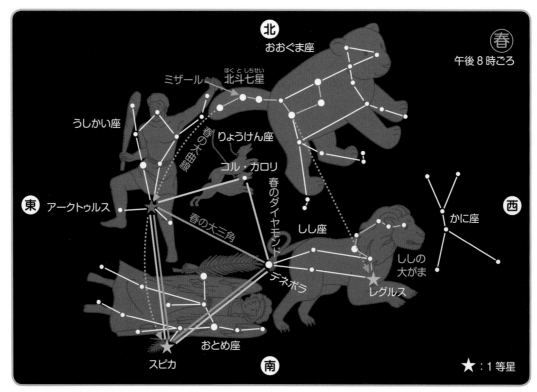

図表 4-9　春の星空

スピカとつぎつぎに見つかるはずだ。**春の大曲線**の少し右に目をやると**しし座**がある。ライオンの頭にある？マークの裏返し、**ししの大がま**が目印だ。

② 星座は夜の地図

　もし真っ暗な夜、道に迷ったらどうするか？ 今の時代なら、スマートフォンの機能で現在地の地図を見られる。しかし、昔の人々は、何ひとつ目印がない海上でも星の位置だけをたよりに、航海していた。たとえば北の空でいつまでも位置を変えない**北極星**は、正確な北の方角を教えてくれる。北極星のまわりの星は１日で空を一周するから、

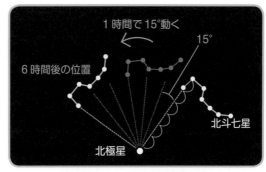

図表 4-10　北斗七星は春から夏には北極星の上に、秋から冬は地平線近くにみえる。北極星を中心に時計の針と反対回りに円をえがくように動く。

星がどれだけ動いたかで何時間たったのかを知ることができる。また、星の見える高さによって、自分が今、地球上のどこにいるかもわかる。たとえば、緯度が低い南の方へ行くと北極星が空の低いところに見えるように、星は見る人のいる場所によって見える高さが変わるのだ。

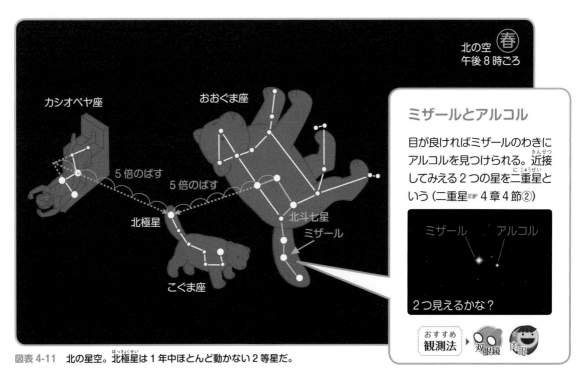

図表 4-11　北の星空。北極星は１年中ほとんど動かない２等星だ。

北の空 春
午後８時ごろ

カシオペヤ座
おおぐま座
５倍のばす
５倍のばす
北極星
北斗七星
ミザール
こぐま座

ミザールとアルコル

目が良ければミザールのわきにアルコルを見つけられる。近接してみえる２つの星を二重星という（二重星☞４章４節②）

ミザール　アルコル

２つ見えるかな？

おすすめ
観測法 ▶ 双眼鏡　肉眼

4 章 4 織ひめ星とひこ星が 出会う夏の夜空

夏の夜空には明るい星が多いので星座が見つけやすく、星空の観察を始めるのにはちょうどよい。七夕で有名な織ひめ星とひこ星が見られるのもこの季節。空の暗いところなら、さそり座からはくちょう座にかけて空に横たわる天の川も見られるはずだ。

1 夏の星座の見つけかたとみどころ

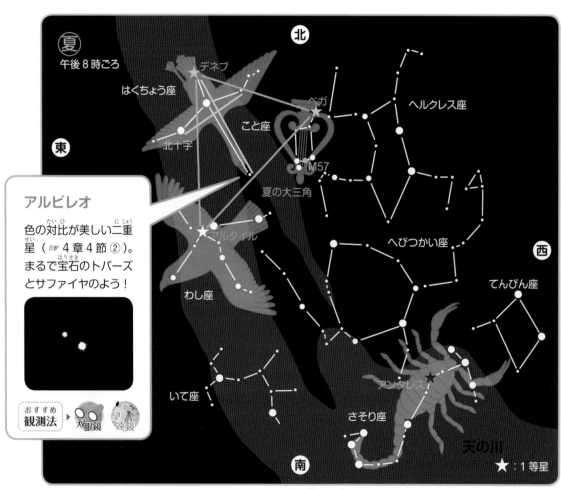

アルビレオ
色の対比が美しい二重星（☞ 4 章 4 節 ②）。まるで宝石のトパーズとサファイヤのよう！

おすすめ 観測法 ▶ 双眼鏡 望遠鏡

図表 4-12　夏の星空。雲のようにかすんで横たわって見えるのは天の川。いて座やさそり座の方向は天の川がもっとも太く明るく見える。

北斗七星を使って北を確かめたら、反対側の南の空に向かって頭の真上を見てみよう。明るい3つの1等星が大きな三角形にならんでいるのが見つかる。**こと座のベガ・はくちょう座のデネブ・わし座のアルタイル**がつくる夏の大三角だ。ベガ、アルタイルはそれぞれ**織ひめ星**、**ひこ星**でもあり、その間に**天の川**がある。北十字とも呼ばれるはくちょう座から天の川にそって南の低いところに目を向けると、Sの字に星がならんだ**さそり座**が横たわっている（☞図表4-1・4-12）。さそりの心臓にある1等星**アンタレス**は、火星のように赤く輝いているので、火星に似たもの・匹敵するものという意味がある。

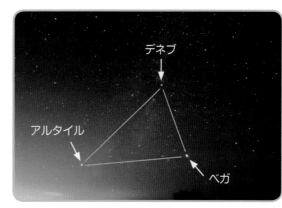

図表 4-13　夏の大三角　©国立天文台

② 二重星って何?

アルビレオやミザールとアルコルのように2つの星が近くにならんで見える星を**二重星**という。あまりにも近いので肉眼ではたいてい1つにくっついて見えてしまうが、双眼鏡や望遠鏡を使うと2つに分かれて見える。二重星には2つの星どうしの距離が本当に近い**連星**（2つの星がおたがいに回りあっている星たち）と、実際には離れているのに地球から見るとたまたま同じ方向にならんで見える**見かけの二重星**がある。アルビレオは最新の観測結果によって、見かけの二重星らしいということがわかった。

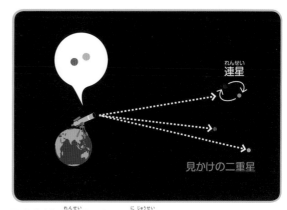

図表 4-14　連星とみかけの二重星

一晩で半年分の星座を見る

その季節のメインの星座は午後8時ごろに見られるが、真夜中を過ぎると次の季節の星座が空高くのぼっている。そして、明け方には東の空にさらに次の季節の星座が見えている！

星座をつくりだしたのは、いまから4000年前の遊牧民だといわれている。古代の星座は少しずつ変化しながら引きつがれ、ギリシャにもたらされると、神話の神がみと結びつけられギリシャ神話として語りつがれるようになった。

★ 春の星座の神話

★クマになって空にのぼった親子（おおぐま座・こぐま座）

　月と狩りの女神アルテミスにつかえる妖精カリストは、狩りが得意な美しいむすめだった。

　ある時、カリストはギリシャの神がみの王であるゼウスにみそめられ、子どもを身ごもってしまう。カリストはそれをかくして過ごしていたが、ある暑い日、狩りのとちゅうで水浴びにさそわれ、アルテミスに大きくなったおなかを見られてしまう。アルテミスはたいそう怒り、カリストを追いはらってしまった。

　そののち、カリストは男の子アルカスをさずかる。すると今度は、ゼウスの妻ヘラがねたみから、カリストをクマの姿に変えてしまった。

　やがて月日は流れ、アルカスは母親ゆずりの、狩りの才能をもった青年に成長した。ある日、アルカスは森で大きなクマに出あった。なんとそれは母のカリストだった。カリストは成長した息子に会えたうれしさに、自分の姿がクマであることをわすれて歩みよったが、自分の母と知らないアルカスは、「なんとりっぱなクマなんだ」と、クマをしとめようとねらいをさだめた。そのようすを天上から見ていたゼウスは二人の運命をあわれんで、アルカスもクマの姿に変えて親子を天にあげ、カリストはおおぐま座、アルカスはこぐま座になった。この時、ゼウスがあわてて2人のしっぽをつかんで天にあげたので、しっぽが長くなってしまったという。

　しかし、親子が星になってしまっても、ヘラは2人を許さなかった。ヘラは海の神オケアノスにたのんで、2人が海の下に入って休むことができないようにしてしまった。そのために、2つの星座は水平線の下にしずむことなく、北の天を回り続けることになったという。

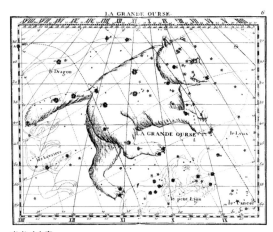

おおぐま座

★ 夏の星座の神話

★悲しいたて琴の調べ（こと座）

太陽と音楽の神であるアポロンの息子、オルフェウスは、たて琴の名人だ。オルフェウスが琴をかなでると、神も人も動物も、森の木々でさえも、その調べに聞きほれたという。

オルフェウスの琴の音色にうっとりする動物たちをえがいた絵画。
©Bridgeman/PPS

オルフェウスは、美しいエウリディケを妻にむかえたが、ある日、エウリディケはヘビにかまれて死んでしまう。なげき悲しんだオルフェウスは、地下にある死の国に行き、国王ハデスの前でたて琴をひいて、「ああ、どうか妻を生き返らせてください」とたのみこんだ。その美しい音色にハデスは心を動かされ、地上に着くまでにけっして後ろをふりかえってはいけないという約束で、エウリディケを地上に帰すことを許した。

しかし、地上にもどるまでの長い道のりのとちゅうで、オルフェウスはエウリディケがついてきているかどうか心配になり、ついふりかえってしまった。すると、エウリディケはたちまち死の国につれもどされてしまった。

悲しみのあまり、さまよい歩いていたオルフェウスは、祭りでよっぱらった女たちに殺され川にうちすてられてしまった。たて琴もまた、悲しい調べをかなでながら川をくだっていった。そののち、たて琴はゼウスにひろわれ、天に上げられて星座となった。

★白鳥に変身したゼウス（はくちょう座・ふたご座）

ゼウスは美しいスパルタ王妃のレダを好きになってしまい、女神ヘラに気づかれないように白鳥に変身して、レダのもとに降り立った。

やがて、レダはゼウスの子を身ごもり、ふたつのたまごを産んだ。ひとつのたまごからはふたごの男の子が、もうひとつのたまごからはふたごの女の子が生まれた。ふたごの男の子はカストルとポルックスといい、後にふたご座として天にのぼることになる。ふたごの女の子はヘレネとクリュタイメストラといい、ヘレネはその美しさゆえにトロヤ（トロイ）戦争のきっかけにもなったという。はくちょう座は、ゼウスが変身した白鳥だという。

秋の夜長に星空観察

4章 **5**

秋の空は他の季節に比べて明るい星が少ないが、空気がすみわたっているので星がきれいに見えやすい。中秋の名月を楽しむお月見も秋だ。北斗七星が空の低いところにある秋は、カシオペヤ座が北極星を見つける目印となる。

1 秋の星座の見つけかたと見どころ

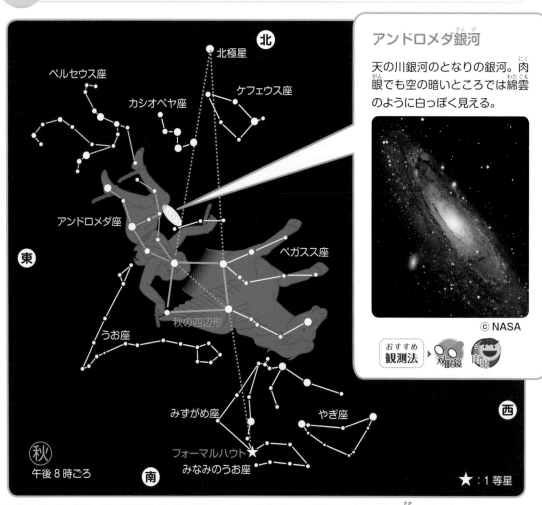

アンドロメダ銀河

天の川銀河のとなりの銀河。肉眼でも空の暗いところでは綿雲のように白っぽく見える。

© NASA

おすすめ**観測法** ▶ 双眼鏡 肉眼

図表 4-15 秋の星空。明るい星が少ない秋の星座は、頭上に見える秋の四辺形を手がかりにして探してみよう。

カシオペヤ座を使って北の方角を確かめたら、南の空の高いところを見上げてみよう。頭の真上にやや明るめの４つの星が四角形にならんだ**秋の四辺形**が見つかる。これは天馬**ペガスス座**の一部でもある。ペガスス座の後ろ半分は**アンドロメダ座**につながっている。アンドロメダのひざあたりにはアンドロメダ銀河がある。肉眼で見えるもっとも遠い天体だ。空の暗いところなら綿雲のように白っぽく見える。アンドロメダ座の東には夏の流星群でも有名なペルセウス座がある。ペガスス座の西側２つの星にそって南へのばすと**みなみのうお座**の１等星**フォーマルハウト**が見つかる。まわりに他の１等星がないので秋のひとつ星とも呼ばれている。

② 星がきらきらまたたくのはなぜ？

真空の宇宙では星はまたたかない。宇宙飛行士だけが見られる特別な景色だ。

しかし、地上にいる私たちが星を見上げるときは、頭上にあるすべての空気（これを大気の層という）を通して見ている。まるでプールの底から外の景色を見ているような感覚に近い。水を通して見る景色は揺らいで見えるはずだ。大気の層は100km以上の上空まで続いており、私たちはその底から星を見ていることになる。大気が揺らぐと星の像は乱れ、まるでまたたいているように見えるのだ。冬の風が強いときには、星のまたたきが激しい。また、冷たい空気と暖かい空気が混じり合うところでも、またたきは起こる。たき火の向こうや夏の陽炎などで景色が動くのも同じ理由だ。

一方、惑星はまたたきが少ない。星が小さな点像に見えるのに対して惑星の星像は大きくしっかり見えるので、またたきがあまり目立たないのだ。

図表 4-16　大気の揺らぎを体験しよう

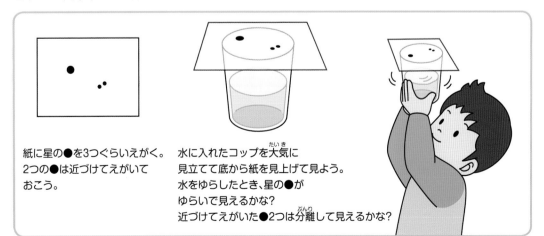

紙に星の●を3つぐらいえがく。2つの●は近づけてえがいておこう。

水に入れたコップを大気に見立てて底から紙を見上げて見よう。水をゆらしたとき、星の●がゆらいで見えるかな？近づけてえがいた●2つは分離して見えるかな？

6 色とりどりの冬の星たち

冬の星空は、明るくてカラフルな星が多いもっともはなやかな夜空だ。ほとんどの星が白く見えるなかで、ベテルギウスやアルデバランは赤っぽく、リゲルやシリウスは青白っぽく、カペラは黄色っぽく輝いている。色のちがいにも気をつけて観察してみよう。

1 冬の星座の見つけかたと見どころ

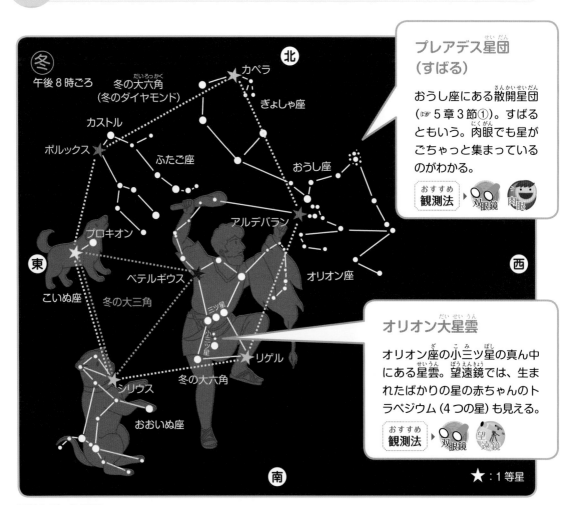

プレアデス星団（すばる）

おうし座にある散開星団（☞5章3節①）。すばるともいう。肉眼でも星がごちゃっと集まっているのがわかる。

おすすめ観測法 ▶ 双眼鏡 肉眼

オリオン大星雲

オリオン座の小三ツ星の真ん中にある星雲。望遠鏡では、生まれたばかりの星の赤ちゃんのトラペジウム（4つの星）も見える。

おすすめ観測法 ▶ 双眼鏡 望遠鏡

図表 4-17　冬の星空

いちばん目立つのは、なんといっても南の空の**オリオン座**だ。**ベテルギウス、リゲル**という1等星が2つもあり、巨大な狩人の姿としてえがかれている。ベルトの部分には星が3つならんだ三ツ星があり、その下には、たてにならんだ小三ツ星が見える。三ツ星にそって左下にのばすと**おおいぬ座**の1等星**シリウス**が見つかる。月や惑星をのぞくと夜空で一番明るい星で、焼きこがすものという意味があるほどだ。三ツ星にそって右上にのばすと、**おうし座**の1等星**アルデバラン**、さらにその先には**プレアデス星団(すばる)**がある。おうし座の上にあるのは星が五角形にならんだ**ぎょしゃ座**だ。リゲルからベテルギウスに向かって線をのばしていくとその先に同じくらいの明るさの星が2つ見つかる。**ふたご座のカストルとポルックス**だ。ふたご座の下で輝く1等星は**こいぬ座のプロキオン**。冬の大三角や冬の大六角（冬のダイヤモンド）の形も手がかりにして、これらの星座をさがしてみよう。

② カノープスを見てみよう

見えたらラッキー！ という、えんぎの良い星があるのを知っているだろうか。カノープスは本州では南の地平線すれすれに見える星だ。そのため本当は白い星なのに赤っぽく見える。中国では南極老人星とも呼ばれ、この星を見ると寿命がのびるという伝説がある。福島県、新潟県あたりよりも北では地平線から上にいかず、見ることができない。オリオン座のベテルギウスとおおいぬ座のシリウスが真南に位置したころに、図表4-18のような位置関係を使ってさがしてみよう。

ベテルギウス (イメージ図)

ベテルギウスは球形ではなく大きなこぶがある。近年、縮んでいることも明らかになり、超新星爆発を起こす前ぶれだという説もある。

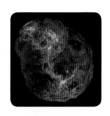

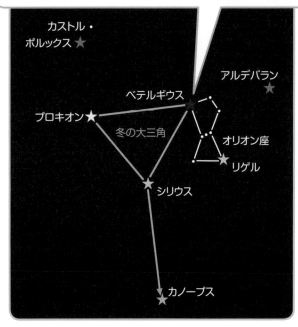

図表 4-18　カノープスのさがしかた

★ 秋の星座の神話

★勇者ペルセウスとアンドロメダ姫（ペルセウス座、アンドロメダ座、ケフェウス座、カシオペヤ座、ペガスス座、くじら座）

　ゼウスの息子ペルセウスは、怪物メデューサ退治を命じられた。メデューサは、髪の一本一本がヘビというおそろしい姿で、その顔を見たものはたちまち石になってしまうという。

　ペルセウスは、伝令の神ヘルメスから空を飛ぶことができるくつと、姿をかくすことのできるかぶとを借りて退治にむかった。

　ペルセウスは、メデューサを直接に見なくてすむように、鏡のようにみがきあげた盾に寝ているメデューサの姿をうつしながらそっと近づき、ついにその首を切り落とし、袋にしまうことに成功した。その時に流れた血のなかから生まれた、天馬ペガススにまたがり、ペルセウスは帰路についた。

　古代エチオピアの王ケフェウスと王妃カシオペヤには、アンドロメダ姫というむすめがいた。カシオペヤが「アンドロメダは海の妖精ネレイドよりも美しいのよ」と自慢したため、「孫むすめをけなすとは」と海の神ポセイドンは怒って、エチオピアの海岸にお化けくじらをさしむけた。大あばれするお化けくじらに困りはてたケフェウス王が、神のお告げを聞きにいくと、「アンドロメダ姫をささげなさい」といわれ、

アンドロメダ姫を助けにお化けくじらと戦うペルセウスをえがいた 1515 年の絵画　©AKG/PPS

泣く泣くアンドロメダをいけにえとして海岸の岩にくさりでつないだ。お化けくじらがアンドロメダに今にもおそいかかろうとした時、メデューサを退治し、ペガススにまたがったペルセウスが通りかかったのだった。

　ペルセウスは、アンドロメダ姫を助けるために、袋からメデューサの首をとりだし、お化けくじらにつきつけた。すると、お化けくじらは、またたく間に石となり、海にしずんでいった。お化けくじらは天にのぼり、くじら座になった。こうしてペルセウスはアンドロメダ姫を助け、ふたりは恋におちて結婚したのだった。

★ 冬の星座の神話

★冬の星座の王、狩人オリオン（オリオン座・さそり座）

　海の神ポセイドンの子であるオリオンは、大きなからだをもった美しい青年で、海の上でも陸と同じように歩くことができた。また、オリオンは力が強く、うでのよい狩人だったが、それを自慢とするようになったため、大地の女神ガイアは怒って大きなサソリをオリオンにさしむけた。サソリはオリオンに、毒ばりをつきさしたため、さすがのオリオンもからだに毒がまわって、ついに死んでしまった。手がらをあげたサソリは星座となり空にのぼった。オリオンもまた星座となったが、さそり座が東の空にのぼってくる前に、まるでおそれているかのように、そそくさと西の空に逃げこんでしまう。

　また、オリオンはプレアデスと呼ばれる7人の姉妹に恋をして、追いかけまわしていた。プレアデスは空にのぼってプレアデス星団（すばる）になったが、星になったいまでもオリオンは姉妹たちを追いかけて星空を回っている。

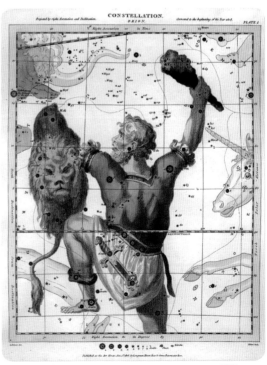

こん棒と毛皮を手にしたオリオン。このオリオンは、裏返しにえがかれている（☞16ページ）©Mary Evans/PPS

7 星座と神話

誕生日によって12の誕生星座をふりわけて、運勢などを占う星座占いはテレビや雑誌でおなじみだ。88個ある星座のなかでも有名な12個の星座についてみてみよう。

　古代の天文学は、天体観測による星の動きで国家や権力者の運命を占う占星術と結びついて発展した。

　現代では占星術が科学的でないことは明らかだが、12個の誕生星座の名前は、今もよく知られている。これらの星座はギリシャ神話の味わい深いキャラクターでもある。

♈ おひつじ座

継母にいじめられている哀れな兄妹を救うため、伝令神ヘルメスがつかわした空飛ぶ金毛の羊。羊が降り立った国の王が大切にしたが、やがて船団で襲来した勇者たちに奪われてしまう。

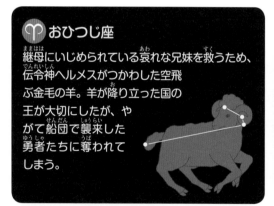

♉ おうし座

大神ゼウスが美しい王女エウロパに近づくために化けた真っ白な牡牛。油断した王女を背に乗せると、あっという間に地中海をわたりクレタ島へさらって自分の花嫁にしたという。

すばる

アルデバラン

♊ ふたご座

ふたごの勇者カストル（兄）とポルックス（弟）（☞ 83ページ）。不死身のポルックスは、人間である兄の死を嘆き悲しみ自身の命とひきかえに兄の復活を望んだので、ゼウスが星座にした。

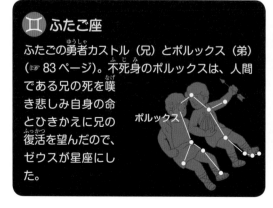

ポルックス

♋ かに座

女神ヘラはヘルクレスを嫌っていたので、彼が怪物ヒュドラと戦っているすきに、彼の足を切らせようと化けがにを差し向けた。しかし憐れにもヘルクレスに踏みつぶされてしまう。

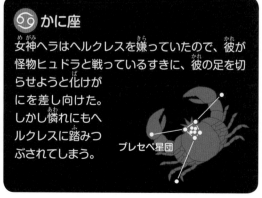

プレセペ星団

♌ しし座

自分の罪をつぐなうためにエウリュステウス王の命じる困難な10の冒険に挑むことになった勇者ヘルクレスが、一番初めに成し遂げたのがネメアの谷の獅子退治。獅子は怪力でしめ殺された。

レグルス

♍ おとめ座

死後の世界である冥界の王プルートに娘をさらわれた農耕神デーメーテールの姿。ゼウスが年に8カ月だけ娘と暮らすことを許したので、娘が冥界に戻る時期の地上は冬になるという。

スピカ

♎ てんびん座

神がみが人間に愛想をつかして天上界へ帰るなか、ただひとり人間に正義を説いた女神アストラエアだったが、ついに人間に失望して天上に帰る時、地上に残していった天秤。

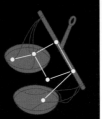

♏ さそり座

オリオンにとどめをさした手がらで星座になった（☞89ページ）。南の地平線近くに目立つS字は日本でも鯛つり星、魚つり星と呼ばれ、赤い1等星アンタレスは赤星や酒酔い星という別名をもつ。

アンタレス

♐ いて座

誠実で教養と勇気もある半人半馬ケイロンは不死身だったが、ヘルクレスの放った毒矢に誤って射られ、苦しみに耐えかねて大神ゼウスに死を乞うた。ゼウスはその死を惜しんで星座にした。

♑ やぎ座

ナイル川岸で神がみが会食していると、突然、怪物テュフォンが現れた。酔っていた牧神パンは慌てて逃げようとして、上半身が山羊、下半身が魚の姿に変身してしまった。その姿が星座になった。

♒ みずがめ座

その美しさゆえに、大鷲に化身したゼウスにさらわれた美少年ガニュメデスがみずがめを持つ姿。まわりには水にまつわる星座が多いが、すぐそばのわし座は、ゼウスが化けた大鷲だという。

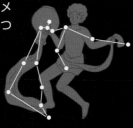

♓ うお座

美の女神アフロディテとその子エロスが川岸を歩いていたところ、突然、怪物テュフォンが現れ、驚いた2人は魚になり、はぐれないようひもをつけて逃げたという。

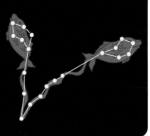

▶▶▶ 星座は88個だけど……

　公式に決められた星座は全部で88個あるが、星座線の結び方までは決められていない。しかし、空のどこからどこまでがどの星座の範囲なのかは決められている。空が「境界線」で区切られているのだ。こうすることで、新たに星が発見された場合でも、すべての星をどれか1つの星座の中に割り当てることができる。星座は言わば星の住所で、市や町のような区域だ。

　星座ごとに面積も異なり、いちばん広いのは、春の夜空に長々と横たわる「うみへび座」だ。その長さはなんと空のおよそ4分の1にもわたる。頭は冬の星座・こいぬ座のとなりで、しっぽは夏の星座・てんびん座のとなりにあり、頭が出てきてからにょろにょろとしっぽが出てくるまで、なんと6時間以上もかかる。

　ちなみに、いちばん小さいのは「みなみじゅうじ座」だ。うみへび座は、みなみじゅうじ座の19倍も大きい。1～3位は春の星座だ。

大きい星座ベスト5

順位	星座名	面積
1位	うみへび座	1303平方度
2位	おとめ座	1294平方度
3位	おおぐま座	1280平方度
4位	くじら座	1231平方度
5位	ヘルクレス座	1225平方度

※平方度は空のある区域の面積を角度で表す単位。1平方度は1辺が1度角の正方形に相当する。たとえば満月の大きさは約0.2平方度。

▶▶▶ 星座の飛び地？！

　さて、境界線を見てみると、夏の星座である「へび座」は変わっている。頭の部分としっぽの部分が2つに分かれて、空の離れたところにあるのだ。地図で言えば飛び地である。なぜこんな奇妙なことになってしまったのだろう。

　へび座は「へびつかい座」がもっているへびの姿で、絵としては一体化している。しかし、2つの星座が重なっている部分をどちらか1つにしないと、星の住所としての意味をなさない。そのため境界線を決める時に、重なっている部分はへびつかい座とし、へび座を2つに切ってしまったのだ。へび座は88星座の中で唯一、2つの境界に分かれている珍しい星座である。だから、ちょっとややこしいが、星座の境界は全部で88個＋1個あるのだ。

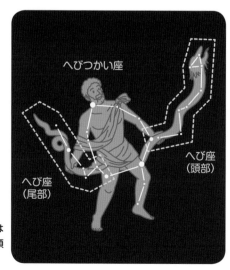

へびつかい座とへび座。へび座はへびつかい座をはさんで西と東（頭としっぽ）で分けられている。

Q1 チェック

星座について正しく説明しているのは次のうちどれか。

①星座の数は国や地方によって異なる。
②星座線の結び方は世界共通で決まっている。
③夜空のすべての星はどれか1つの星座に属している。
④北斗七星はひしゃくの形をした星座である。

Q2 チェック

昔の人びとにとって星や星座は生活に欠かせないものだった。次のうち、星や星座が暮らしに役立つ例として正しくないものが1つある。それはどれか？

①季節を知るカレンダーのかわりだった
②時間の経過がわかる時計のかわりだった
③自分のいるところがわかる地図のかわりだった
④明日の天気がわかる天気予報のかわりだった

Q3 チェック

午後8時ごろの空で1等星がいちばん数多く見られる季節はいつか？

①春　②夏　③秋　④冬

Q4 チェック

ギリシャ神話で、お化けくじらのいけにえにされそうになったアンドロメダ姫を助けたのはだれか。

①ペルセウス　②ケフェウス　③オリオン　④ゼウス

Q5 チェック

次の星座は何座か。

①おとめ座　②いて座　③ふたご座　④みずがめ座

★スピカ

解答解説

 ③ 夜空のすべての星はどれか1つの星座に属している。

解説 ▶▶▶ 星座は、かつていろいろな時代に世界各地でさまざまなものがつくられたが、現在では世界共通のものとして88個が公式に決まっている。空を境界線で区切り、空のどこからどこまでがその星座の範囲なのかも定められている。したがって、すべての星がどれか1つの星座の範囲内にあることになるので、たとえ星座の形とは関係なさそうな場所にある星でも「○○座の星」と言える。ちなみに、星座の形そのものは公式に決められていないので、星座線の結び方に決まりはない。北斗七星は星のならびがわかりやすいので世界各地でさまざまな形に見立てられているが、88星座の1つではなく、おおぐま座の一部分だ。

 ④ 明日の天気がわかる天気予報のかわりだった

解説 ▶▶▶ どの季節にどんな星や星座がいつごろ見えるのかは決まっているので、夜空を見れば季節の移り変わりがわかる。たとえば「すばる(プレアデス星団)」は目立つ星のならびなので、日本ではすばるが夜明け前にしずむころを麦まきの季節として利用していた地域があるなど、カレンダーがわりに使われていた。また星は1時間で15°夜空を動いていくので、どれだけ時間がたったのかを知る目安にもなる。そして、ほとんど位置を変えない北極星は北の方角を知る目安になるのだ。しかし、星や星座がいつどこに見えるかという情報からは明日の天気はわからない。

 ④ 冬

解説 ▶▶▶ 冬の空には1等星をつないでできる「冬の大六角(冬のダイヤモンドとも言う)」と呼ばれる形がある通り、ここに6つの1等星が含まれている。冬の大六角の内側にはベテルギウスがあるので、まとめて7個の1等星が一度に見られるというわけだ。そして、福島県や新潟県より南の地域では空の状態が良ければカノープスも見られるかもしれない。運が良ければ最大で8個となる。全部で21個ある1等星のうち、冬にはその3分の1以上が見られるのだ。春は4個、夏は4個、秋は1個だ。

 ① ペルセウス

解説 ▶▶▶ ペルセウスは、怪物メデューサを退治した帰り道、いけにえにされそうになっているアンドロメダ姫を見かけ、おそいかかろうとしていたお化けくじらを退治した。アンドロメダ姫は助け出され、2人は結婚したのだった。②のケフェウスは、アンドロメダ姫の父で古代エチオピアの王。③のオリオンは、アンドロメダ姫のもとへお化けくじらをさしむけた海の神ポセイドンの子。④のゼウスは、ギリシャの神がみの王である。

 ① おとめ座

解説 ▶▶▶ 選択肢の4つはいずれも12個の誕生星座にふくまれている星座である。スピカは北斗七星から南にのびる春の大曲線の最後にある1等星の青い星である。

5章

TEXTBOOK FOR ASTRONOMY-SPACE TEST

～星と銀河の世界～

★ 天の川を見てみよう

よく晴れた夜に街の明かりの届かないところに行くと、ぼんやりと天を横切る川のような淡い光の帯を見ることができる。下の写真は南半球から見た天の川だ。左下から右上に向かって光の帯が夜空を横切っているようすがわかる。天の川の中央に黒く見えるのは冷たいガスのかたまり、暗黒星雲だ。天の川の見え方は季節によって異なる。夏の天の川は全体的に太く、冬の天の川は淡く細い。天の川の正体はいったい何だろうか。

南米チリにあるラ・シヤ
天文台のドームと天の川
©SPL/PPS

096

★ 巨大ブラックホールと天の川

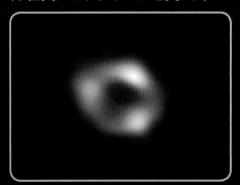

私たちが住む天の川銀河の中心にある巨大ブラックホールの姿が、日米欧などの国際研究グループであるイベント・ホライズン・テレスコープ（EHT）によってとらえられた。オレンジ色の部分は、ブラックホールのまわりを回っている高温のガスが放つ光だ。その内側にぽっかりあいた黒い穴のような部分が、光さえも抜け出せないほど強力な重力をもつブラックホールの「かげ」として写っている。
©EHT Collaboration

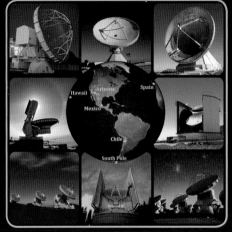

©EHT Collaboration

イベント・ホライズン・テレスコープ（EHT）
― 各地の電波望遠鏡をつなぎ、地球サイズの仮想望遠鏡を構成 ―

ALMA	アルマ望遠鏡	チリ・アタカマ砂漠
APEX	APEX	チリ・アタカマ砂漠
30-M	IRAM 30m望遠鏡	スペイン・ピコベレタ
JCMT	ジェームズ・クラーク・マクスウェル望遠鏡	ハワイ・マウナケア
LMT	大型ミリ波望遠鏡	メキシコ・シエラネグラ
SMA	サブミリ波干渉計	ハワイ・マウナケア
SMT	サブミリ波望遠鏡	アリゾナ・グラハム山
SPT	南極点望遠鏡	南極点基地

©EHT Collaboration

ブラックホールの見かけの半径は夜空を針の先でつつくよりも小さい。リング状の明るい部分を見るためには、視力300万というとてつもない性能が必要だった。これは地球から月面に置いたゴルフボールを見分ける視力に相当する。ブラックホールの撮影は、地球上の8カ所にある電波望遠鏡を組み合わせ、直径約1万kmに相当する地球サイズの望遠鏡を作り出したことによって成功した。

★ メシエカタログ（M）とニュー・ジェネラル・カタログ（NGC）

星雲や星団、銀河の名前には、M13とか、NGC 4038という記号が付いていることが多い。
Mは、フランス人の天文学者シャルル・メシエの頭文字で、彼がつくったメシエカタログにのっている1から110番までのどれかの天体であることを表す。このカタログは200年以上前の18世紀につくられた。そのころの小さな望遠鏡でも見られる、明るく見つけやすい天体が多い。またフランスから見えない天体はふくまれていない。
一方、NGCはニュー・ジェネラル・カタログにのっている7840個の天体のどれかということだ。19世紀末につくられ、メシエから100年たって望遠鏡の性能もあがったため、数が大きく増えている。南半球での観測の成果もふくまれている。つくったのはジョン・ドライヤーというアイルランドで活躍した天文学者だ。彼はその後、20世紀になってNGCにもれていた5386個の天体を集めたIC（インデックス・カタログ）を追加でつくっている。さらに進歩した天体写真などを使って、より見えにくい天体ものっている。また、MとNGCの両方の番号がある天体もたくさんある。たとえば、アンドロメダ銀河はM31であり、NGC 224でもある。

楕円銀河 M87 ©ESO

1 いろいろな星まで旅をしてみよう

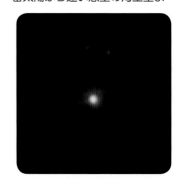

現在では、測定により肉眼で見える星のほとんどは、地球からの距離がわかるようになった。では、今からちょっと地球を出発して、いろいろな星まで旅をしてみよう。

1 太陽系に一番近い恒星は?

　光の速さで地球を飛び出すことができたなら、あっという間に月や太陽を通りすぎ、太陽系のはしっこを飛んでいるボイジャー1号には21時間程度でたどりつく（☞6ページ）。しかし、その先が遠い。太陽系の外にある恒星（☞14ページ）で一番近いのがケンタウルス座アルファ星だ。およそ4.3光年離れている。つまり、光の速さで4.3年かかる。言いかえると、私たちが見ているケンタウルス座アルファ星の輝きは今からおよそ4年前の姿を見ているということになる。今見えている星の輝きが、過去に出発した光だと思うと、なんだかふしぎに思えるかもしれない。ちなみに、夏の夜空に見られる、はくちょう座のデネブまでは光の速さでもおよそ1400年もかかるのだ。

1光年はざっと1万光時

0章1節で紹介したように、1光年はおよそ10兆kmだった。一方、惑星までの距離などを表す場合には光年よりも光時を使った方が便利な場合がある。太陽系で一番太陽から遠い惑星の海王星までは、光で4時間かかる距離、つまり4光時だ。1年の長さを時間で表すと1日が24時間、1年は約365日なので24 × 365 ＝ 8760で、約8760時間、ざっと9000時間あるいは1年は1万時間くらいと覚えてもよい。なので、1光年は1万光時くらいだ。海王星までは4光時くらいなので、光年でみると4 ÷ 10000で、2500分の1光年にしかならない。
いままで一番遠くまで行った宇宙船は1977年打ち上げられたボイジャー1号だ。これは地球からおよそ21光時の位置にある。一番近い恒星、ケンタウルス座アルファ星は、ボイジャー1号よりも2000倍以上遠いということになる。

図表5-1　ケンタウルス座アルファ星
ⓒ NASA

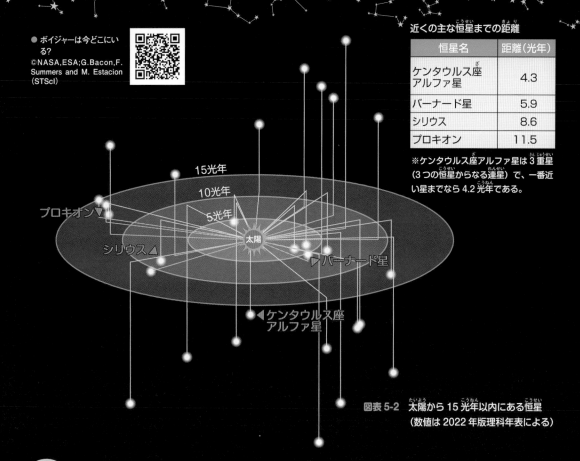

近くの主な恒星までの距離

恒星名	距離（光年）
ケンタウルス座アルファ星	4.3
バーナード星	5.9
シリウス	8.6
プロキオン	11.5

※ケンタウルス座アルファ星は3重星（3つの恒星からなる連星）で、一番近い星までなら4.2光年である。

15光年
10光年
5光年
太陽
プロキオン▽
シリウス△
▷バーナード星
◁ケンタウルス座アルファ星

図表 5-2　太陽から 15 光年以内にある恒星（数値は 2022 年版理科年表による）

2　星座が見つからない?!

　もし、オリオン座のベテルギウスのような遠い星まで宇宙船で行けたら、まどからは見慣れない星座が見えるだろう。なぜなら、星座は地球上から見上げた星のならびを形にしたものだからだ。実際は、星々は宇宙空間に立体的に位置している。そのため、たとえばオリオン座も地球から離れるにつれてまったくちがう形になっていく。もし、遠く離れた惑星に宇宙人がいたら、私たちとはまったくちがう形の星座をつくっているだろう。

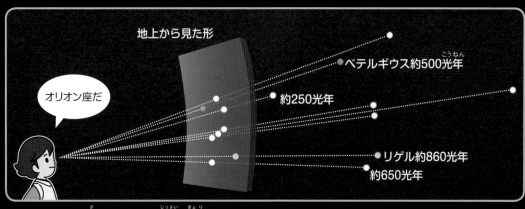

地上から見た形
オリオン座だ
ベテルギウス約500光年
約250光年
リゲル約860光年
約650光年

図表 5-3　オリオン座を横から見ると実際の距離はまちまちだ（数値は 2022 年版理科年表による）

5章

② 絵画のような星雲の世界

夜空には、星の他にも、光のシミや黒い雲のようなものがあちこちにある。これが星雲だ。星雲のなかには、肉眼でも見えるものもある。星雲はどんなものだろうか。

① 宇宙に羽ばたく鳥、オリオン大星雲

　星雲のなかでも、とくにわかりやすいのがオリオン大星雲だ（図表5-4）。オリオン座の三ツ星の下にあり、都会を離れた場所では、肉眼でモヤッとした感じに見える。また、都会でも双眼鏡があればその姿がとらえられる。

　オリオン大星雲は、目で見ると白っぽい光だが、写真を撮ると、赤からピンク色の光と、青っぽいしみ、そして黒っぽい雲が入り混じったようになり、まるで、鳥が羽をひろげているようにみえ、とても美しい。

　この赤からピンク色の光は、宇宙をただよう水素のガスが、星の光を受けて光っているものである。黒っぽい雲は、宇宙をただようガスやチリが濃いところで、光をさえぎって黒く見えるのだ。また、青っぽく見えるシミのようなところは、星の強い光によってガスやチリが青空のように輝いているところだ。このように、星雲といっても、さまざまな見え方がある。

　光り輝く星雲のそばには、必ず明るい星がある。また、**暗黒星雲**は、そのガスやチリが集まって、星が生まれる場所だ。星のお母さ

図表5-4
オリオン座（左）とハッブル宇宙望遠鏡でとらえたオリオン大星雲（右）。
©NASA

んともいえる。

　オリオン大星雲では、星のお母さんと、星の赤ちゃん、そして赤ちゃん星に照らされたお母さんの身体が入り混じった場所なのだ。宇宙には、オリオン大星雲のような場所が他にもたくさんある。

② 宇宙のしゃぼん玉、こと座の環状星雲

　オリオン大星雲は星が生まれている場所だが、星が死んでいくときにも星雲ができる。

　こと座のなかにある環状星雲は、星が死んでいくときに、自分の身体をつくるガスを宇宙にはき出した、巨大なシャボン玉のような星雲だ。中心には星が残っていて、その光が星雲を照らしている。環状星雲は、じつは「ドーナツ」のような形をしている。地球からは「ドーナツ」の穴を見通すようになっている。ただ、穴の中は何もないわけでなく、ガスが強く吐き出されていてチリがあまりたまらない。これがリングのように真ん中がうすい理由だ。星から離れていくと、距離によって星の光の強さがちがい、ちがう色の光を出している。

　望遠鏡で見ると、色のちがいはわからないが、穴があいているようには見える。環状星雲のような星雲を、その姿から**惑星状星雲**という。「惑星」といっても、地球のような惑星とは関係はなく、望遠鏡で見た感じが似ているというだけだ。少しややこしい。

5章

星と銀河の世界

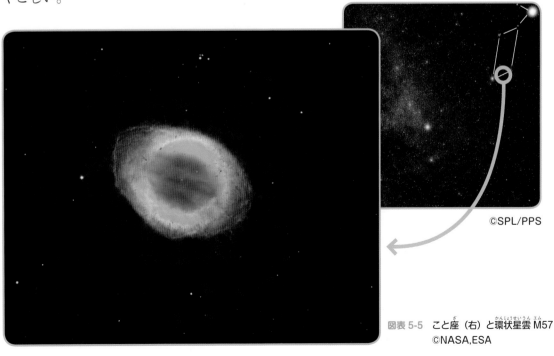

©SPL/PPS

図表 5-5　こと座（右）と環状星雲 M57
©NASA,ESA

101

5章

3 宝石箱のような星団たち

夜空のあちこちに、星が集中している場所がある。その多くは星団といい、星座と異なり、宇宙のかたすみに星が集まっているのだ。星団には散開星団と球状星団がある。

1 仲の良い星のきょうだい、散開星団

　たくさんの恒星が群れている天体が、夜空のあちこちにある。こうした天体を、星団という。

　星団は星が後から集まったのではなく、もともとたくさんの星が、星雲のなかでいっせいに生まれたきょうだいだ。星団は時間がたつとだんだんとばらばらになっていく。太陽も昔は、何かの星団のメンバーだったが、いまではきょうだいがどこにいるのか、わからなくなってしまった。

　星団には大きくわけて2種類ある。ひとつは、数十個から千個ほどの星がゆるやかに集まっている**散開星団**。

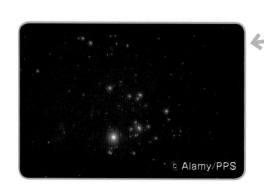

© Alamy/PPS

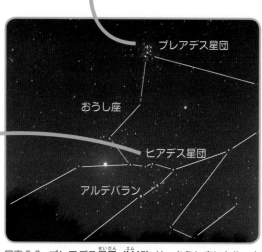

プレアデス星団

おうし座

ヒアデス星団

アルデバラン

図表5-6　プレアデス星団（M45）は、おうし座にあり、肉眼でも見つけることができる。　© NASA

もうひとつはボールのように数万から数百万個もの星が集中している**球状星団**だ。

　散開星団のいくつかは、肉眼で楽しめる。とくに目立つのが、おうし座にあるヒアデス星団とプレアデス星団（図表5-6）だ。

　おうし座は、オリオン座の西となりにある。ヒアデス星団は三ツ星を右上に延長したところにあるアルデバランが目印だ。このオレンジ色の1等星のあたりにVの字型にならぶのがヒアデス星団だ。距離は160光年で、地球の一番近くにある散開星団だ。ただし、アルデバランはヒアデス星団のメンバーではないことに注意しよう。

　プレアデス星団（M45）は、ヒアデス星団の近くに見える。すばるという言葉を聞いたことがあるだろうか。すばるとはプレアデス星団の古くからある日本語の名だ。肉眼で見ると、空の一角がボヤーっとシミのように見え、さらによく見ると4〜7個くらいの星に分解して見える。双眼鏡で見ると、たくさんの星が視野いっぱいにばらまかれ、とても美しい（図表5-6）。すばるを写真に撮影すると、100個程度の星が集まっていることがわかる。距離は443光年だ。写真ではプレアデス星団の星々のまわりに青っぽい星雲が写る。これは、星雲がたまたまプレアデス星団のそばを通っているためだ。

② 巨大な星のマンション、球状星団

　球状星団は、直径10〜100光年ほどの中に、数万〜数百万個もの恒星が、まるでボールのように集まっていて、中心ほど密集している。地球の周囲の10光年には、10個くらいの恒星しかないので、いかにぎっしり集まっているかがわかるだろう。あまりに恒星が集まりすぎているために、恒星どうしが衝突合体することもあるのだ。

　球状星団のなかには、肉眼で見えるものもある。ケンタウルス座のオメガ星団は4等星で、肉眼で見える明るさだが、本州では低空にあり見えにくい。南半球の郊外では夜空にボーッと見える。また、M13やM4などは6等星くらいで、双眼鏡でじゅうぶん見られる。恒星が集まっているようすを見るには望遠鏡が必要だ。見ると黒い紙の上にまるで銀の粉をばらまいたようにみえる。

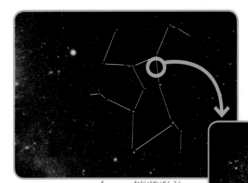

図表5-7 ヘルクレス座にある球状星団M13
上：©SPL/PPS、右：©NASA/PPS

④ 天の川の正体

　天の川の正体をさぐろう。まず、天の川がどこまで続いているのかを調べてみる。すると、地平線の下にも天の川があり、地球をぐるりと取りまいているのがわかる。しかし、天の川は環のようなものではない。望遠鏡で見ると、天の川はたくさんの星でできていることがわかる。そして、それぞれの星までの距離はまちまちだ。くわしく星の分布を調べていくと、天の川はひらべったい円盤のようなものだということがわかる。そして、私たちの地球や太陽も、天の川の円盤の一部なのだ。これを天の川銀河とか銀河系という。天の川銀河には数千億個もの恒星があることがわかっている。つまり、天の川とは私たちが住んでいる天の川銀河を内側から見た姿だったのだ。

✿ 星団

星雲

天の川をぐるりと見わたすと、他にもいろいろなことがわかる。

たとえば、天の川のなかには、星雲や散開星団がとくに多くふくまれている。天の川のなかには黒っぽい帯のようなものが見えるが、これは暗黒星雲が連なっているのだ。

また、夏に見られる天の川は、織りひめ星やひこ星、そして、さそり座やいて座の方向などがとくに明るく、星が多く集まっている。いなかにいって天の川を見るなら、夏がおすすめだ。

反対に、冬の天の川はオリオン座のすぐわきにあるのだが、あまり目立たない。これは、私たちが天の川、つまり天の川銀河の中心にいないということである。夏の天の川の方向が、天の川銀河の中心方向で、星が多く、天の川が明るい。反対の冬の方向は天の川銀河の外側を見ているのだ。天の川銀河の中心は、夏の星座、さそり座のとなりのいて座のあたりにある。

また、もし、天の川銀河をはるか遠くから見たら、渦を巻いた円盤として見えるだろう。

天の川銀河中心

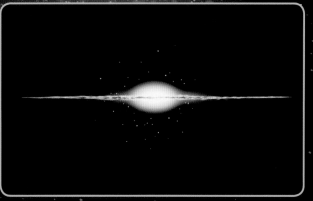

真横から見た天の川銀河の想像図 ©SPL/PPS

5章

星と銀河の世界

5 銀河探検に出かけよう

広大な宇宙に目を向けると、私たちの住む天の川銀河（銀河系）の外側には無数の銀河が散らばっている。銀河をくわしく見ていくと、さまざまな銀河があることがわかる。

1 目で見える銀河たち

　銀河は、数十億〜1兆個以上の恒星が集まった星の大集団だ。銀河の中には、星団も星雲もたくさんふくまれている。そんな巨大な天体の銀河が、宇宙に何千億個とあることがわかっている。そのほとんどは、望遠鏡でも見えないほど遠くにある。

　しかし、肉眼で見えるものも3つある。それがアンドロメダ銀河、大マゼラン雲、小マゼラン雲である。このうち大・小マゼラン雲は天の川銀河（銀河系）のすぐそばにある銀河だ。ただし、天の南極のすぐそばにあるため、日本では見られない。オーストラリアやインドネシアに行ったら見てみたい天体だ。

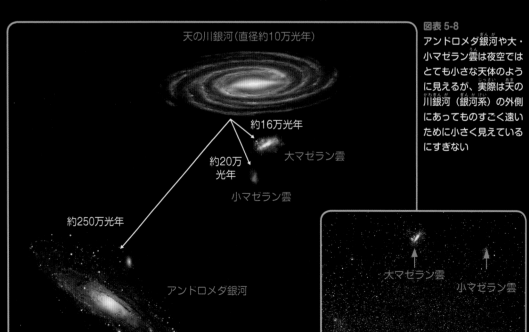

天の川銀河（直径約10万光年）

約16万光年

大マゼラン雲

約20万光年

小マゼラン雲

約250万光年

アンドロメダ銀河

大マゼラン雲　小マゼラン雲

図表 5-8
アンドロメダ銀河や大・小マゼラン雲は夜空ではとても小さな天体のように見えるが、実際は天の川銀河（銀河系）の外側にあってものすごく遠いために小さく見えているにすぎない

図表 5-9
おとめ座のだ円銀河 M87。
距離：5400 万光年。
非常に巨大な銀河で、天の川
銀河（銀河系）の 10 倍以上
の恒星がふくまれている。ま
た、中心部で初めてブラック
ホールの撮影に成功した。。
©SPL/PPS

図表 5-10
りょうけん座の渦巻き銀河 M51（子持ち銀河と
呼ばれている）。
距離：2800 万光年。
天の川銀河（銀河系）を真上からみたら、こんな
姿をしているだろう。渦巻きの「うで」にそって
ピンク色の星雲が連なっている。上の小さなかた
まりは、他の小さな銀河が近づいたようす。
©SPL/PPS

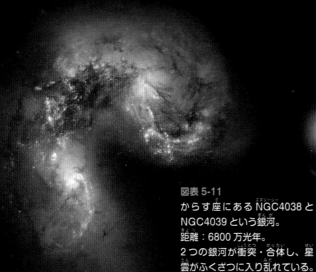

図表 5-11
からす座にある NGC4038 と
NGC4039 という銀河。
距離：6800 万光年。
2 つの銀河が衝突・合体し、星
雲がふくざつに入り乱れている。

図表 5-12
ペガスス座にあるステファン
の五つ子銀河
距離：おおよそ 2 億光年
明るいひとつ以外は、同じ場
所にある銀河で、星団のよう
に集まっている。

各銀河までの距離は NASA NED データベースによる

▶▶▶ 銀河を分類して市民天文学者になろう

　国立天文台が2019年11月に始めた「GALAXY CRUISE」というプロジェクトをご存じだろうか。これはハワイ島マウナケア山頂にあるすばる望遠鏡に搭載された世界最高性能のカメラで撮影された多くの銀河を見て、その形状を分類していく活動だ。

　これは単なる遊びではなく、実際の天文学の研究にも役立てられる。5章5節で見たとおり、宇宙にはさまざまな形をした銀河が無数に存在する。すばる望遠鏡は広大な宇宙に散らばる銀河を数多く撮影してきたが、あまりにも数が多すぎて天文学者だけでは銀河の分類をおこなうことができない。そこで、一般市民にも協力してもらい、できるだけたくさんの銀河の形状を分類し、とりわけ衝突・合体している銀河を調べることで、138億年の銀河の進化を明らかにしていこうというものだ。

　難しそうに聞こえるかもしれないが、安心してほしい。最初に銀河の形状について説明を見ながら練習問題を解いていくので、とてもわかりやすい。実際にやってみると、意外にも簡単に銀河の分類ができるようになる。何より、いろいろな形の銀河の写真を見ていると、広大な宇宙を旅しているみたいでとても楽しい。そして、自分で分類した銀河たちが実際の天文学の研究に役立っていると思うと、わくわくするだろう。

　参加する（乗組員になる）には、e - mailのアドレスが必要となるため、小中学生のみんなはお父さんお母さんといっしょにやってみるのがよいだろう。家族でいっしょに銀河の旅に出かけるのもおすすめだ。

国立天文台GALAXY CRUISEのホームページ（https://galaxycruise.mtk.nao.ac.jp/）

Q1 チェック

地球からベテルギウスを見たとする。そのベテルギウスの光は、何年前の光を見ていることになるか。

①およそ5年前　②およそ500年前　③およそ5000年前　④およそ5万年前

Q2 チェック

天の川の正体はいったい何か？

①ミルクの川
②オーロラと同じく地球の大気での現象
③私たちの住む天の川銀河を内側から見た姿
④天の川銀河の外側にある銀河の集団

Q3 チェック

次のメシエカタログの中で、球状星団はどれか。

① M4　② M51　③ M57　④ M87

Q4 チェック

下の写真の天体名を答えなさい。

ⓒ NASA

①オリオン大星雲　　②大マゼラン雲
③アンドロメダ銀河　④ω星団

Q5 チェック

次の天体の説明で、まちがっているものはどれか。

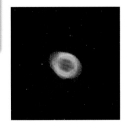

ⓒ NASA/ESA

①こと座にあって、環状星雲のひとつである
②木星や土星などの惑星と性質がよく似ている
③星が死んでいくときに、ガスをまわりにはき出している
④別の方向から見ると「ドーナツ」のような形をしている

解答・解説はウラ

② およそ500年前

解説 ▶▶▶ ベテルギウスの光が地球に届くまでにおよそ500年かかる。光の速さで1年かけて進む距離を1光年という。同じ1等星でも、ケンタウルス座アルファ星はおよそ4.3光年、プロキオンはおよそ11.5光年、ベガはおよそ25光年の距離にあるといわれている。

 ③ 私たちの住む天の川銀河を内側から見た姿

解説 ▶▶▶ 真っ暗な夜空の中で入道雲のように見える天の川。1610年に天の川を望遠鏡でながめたガリレオ・ガリレイは、天の川がたくさんの星の集まりであることを発見した。その後、空をぐるりと一周とりまく天の川は、私たちの太陽系をふくむ巨大な星の集団、つまり、天の川銀河の姿であることがわかった。

 ① M4

解説 ▶▶▶ M4はさそり座にある球状星団。M13はヘルクレス座にある球状星団。M45はプレアデス星団（すばる）で散開星団である。M51は子持ち銀河と呼ばれている、りょうけん座の渦巻銀河。M57は、こと座の環状星雲。M87は、おとめ座にある楕円銀河で、その中心部で初めてブラックホールがとらえられた。

 ③ アンドロメダ銀河

解説 ▶▶▶ オリオン大星雲、大マゼラン雲、アンドロメダ銀河、ω星団は、散開星団すばると同じく、肉眼で確認できる天体たちだ。オリオン大星雲は星雲の代表、大マゼラン雲は天の川銀河のお供の小さな銀河（南半球でよく見える）、アンドロメダ銀河は天の川銀河とよく似たおとなりの銀河（250万光年離れている）、ω星団は南半球で肉眼でも楽しめるもっとも明るい球状星団だ。

A5 ② 木星や土星などの惑星と性質がよく似ている

解説 ▶▶▶ 写真は、こと座の環状星雲（M57）で、惑星状星雲のひとつである。「惑星状」といっても、望遠鏡での見え方が惑星に似ているのでそう呼ばれているだけで、惑星とは関係がない。

6章

TEXTBOOK FOR ASTRONOMY-SPACE TEST

~天体観察入門~

★ 望遠鏡をのぞいて宇宙を見てみよう

月面 X は上弦の月のころ、月の表面にある3つのクレーターの外壁部分が太陽光を受けてアルファベットのXの文字のように見える現象。観測できるのは1時間程度と短いが、望遠鏡を使って年に数回ほど見られる。© りくべつ宇宙地球科学館（銀河の森天文台）

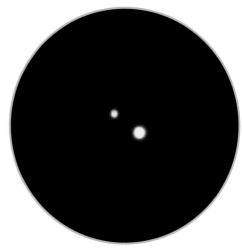

はくちょう座の二重星アルビレオ。色の対比が美しく「夜空の宝石」といわれる。© 国立天文台

M13 は北天で最大の球状星団（☞ 103 ページ）で双眼鏡でも見ることができる。

M42（オリオン大星雲☞ 100 ページ）は肉眼でもモヤっとした感じに見える。

© 梅本真由美

★ 観望会に行ってみよう

自分で望遠鏡を持っていなくても、誰でも望遠鏡で星空をのぞくチャンスがある。それが観望会（☞ 121 ページ）だ。全国にある公開天文台や科学館、星空愛好家のグループなどが、あちこちで観望会を開いている。わかりやすい星空案内も楽しめて一石二鳥だ。書籍やインターネットで開催場所や日時を調べて気軽に参加してみよう。最近では自宅から参加できるような「オンライン観望会」を催しているところもある。

★ 国際宇宙ステーション（ISS）を見てみよう

夜空をながめていると明るい光が横切っていくのを見つけることがある。光が点滅しながら動いているのはおそらく飛行機だが、点滅せずに明るい光がすーっと夜空を横切っていくのを見つけたら、それは ISS かもしれない。

ISS が見えるのは夜明け前か、日没後の時間帯に限られる。なぜだろうか？ それは、ISS は太陽の光を反射して見えているからだ。山や建物が昼間見えるのと同じだ。ISS が山や建物とちがうのは地上から400km と、エベレストの 50 倍も高いところにあることだ。地上では太陽の光が当たらなくても、高いところならしばらくは当たる。だから日がしずんだあともしばらくは見えるわけだ。でも、真夜中となると太陽の光が届かないため見えないのだ。

ISS はいつも決まった時刻に見られるわけではないため、あらかじめKIBO 宇宙放送局の WEB サイト「きぼうを見よう」（https://lookup.kibo.space）で予報を調べておくとよい。ここでは、自分が住んでいる場所や見たい場所を指定すれば ISS が見ごろの日時や方角を教えてくれる。それに合わせて空を見上げれば、ISS はとても明るいので都会の空でも肉眼でかんたんに見つけることができるだろう。

郡山市上空を通過する ISS のようす。数秒間露出したコマを多数合成しているため点線に見えているが、実際は点滅せずゆっくりと動いていく。

★ 一番星を探してみよう

太陽がしずむと、だんだんあたりが暗くなってくる。いよいよ星たちの出番だ。最初に見える星を「一番星」と呼んでいる。夕方から宵のころに西の空でひときわ明るく輝いている星を見つけたら、それはおそらく金星だ。とても明るく美しく輝いているので「宵の明星」と呼ばれている。©Science Source/PPS

★ 昼間でも星が見えるって本当？

金星や木星、こと座のベガなどの明るい星であれば、昼間でも望遠鏡で見ることができる。ただし昼間の観察は太陽が出ていて非常に危険なので、必ず専門知識をもった人と一緒におこなうようにしよう。

© 梅本真由美

● 「#きぼうをみよう」
ホームページ
©KIBO 宇宙放送局

6章 ① 星と仲良くなる コツ

星を見るときにもちょっとしたコツを知っていたり、見るための工夫をすることで、見え方がずいぶんちがったり、星座も見つけやすくなる。

① 星と待ち合わせをしよう

友だちと遊ぶときは「何時にどこで待ってるね」と、待ち合わせをするだろう。星と会うためにも時間と場所を決めておくことが大事だ。その季節に見ごろの星座は夜8時くらいに外に出ると見つけやすいものを指す。だからといって、夏の星座として有名なさそり座が冬に絶対見つからないわけではない。一晩中星空をながめていれば、少しずつ星座は移動し、明け方になると見える場合もある。

場所選びのポイントは、空全体が見わたせる開けたところで見ることが大切だ。また、なるべく暗いところをさがすことだ。ただし、暗い場所へ行くときは、大人もいっしょに行くようにしよう。そういう場所がなければ、電気を消してみるとか、街灯や自動販売機のない場所に行くなど、ちょっとの工夫でずいぶん星の見え方は変わってくる。

家の電気を消すだけでも
星は見やすくなる

夜8時ごろに
季節の星座が見える

街灯など明るい光は
さけるようにしよう

図表 6-1　星をみるための工夫

② じーっと夜空を見ていると……

図表6-2に猫の絵がある。さて、夜の猫はどっちだろう？ 正解は右の猫だ。黒目が大きく見開かれている。人間の目も同じような働きをもっていて、暗い所に行くと、しだいに物が見えてくる。これを暗順応という。

ただし、目が慣れるにはしばらく時間がかか

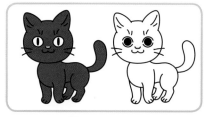

図表 6-2　夜の猫はどっち？

る。明るいところから急に暗い場所に行くと、まわりがよく見えないことがないだろうか？ 星を観察するときも、明るい場所からいきなり夜空を見ても星が見つからないときがある。そんなときは、あきらめないで10〜15分ほどは、ぼーっと夜空をながめていると見えるようになる。でも、せっかく目が慣れたところで車のヘッドライトなどを見てしまうと元にもどって台無しだ。携帯電話の光も意外に明るいので注意しよう。灯りが必要なときは、ハンカチなどをかぶせたかいちゅう電灯がオススメだ。

③ 南は夜空のメインストリート

星は時間とともに少しずつ動いていく。太陽や月と同じように、東からのぼり、南で一番高い場所にやってきて、西へしずむ。つまり、南で星座は一番見やすくなるのだ。いわば、南が夜空の晴れ舞台と言える。だから、南を向いて夜空をながめると、季節の星座が一番見つけやすくなる。ただし、おおぐま座やカシオペヤ座など北の空にずーっといる星座もある。

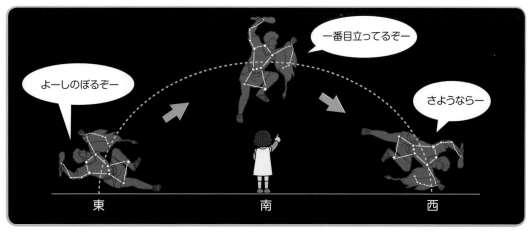

よーしのぼるぞー

一番目立ってるぞー

さようならー

東　　　南　　　西

図表 6-3　星の動き方

6章 ② 星座早見ばんの使い方

星座をさがすときに便利なのが星座早見ばんだ。ちょっとした使いかたを知ることで、すぐに使えるようになるので、ぜひともマスターしよう。

① 日付と時刻を合わせる

星座早見ばんは、クルクルと回るようになっていて、まわりにはカレンダーのように日付が書いてある部分と、時計のように時刻が書いてある部分とがある。ここをあわせることで見たい日時の星空がすぐにわかる。

たとえば、7月7日の夜8時の星空を見たい場合には、日付の7月7日の目もりと、時刻の8時（20時）の目もりをぴったりあわせる。

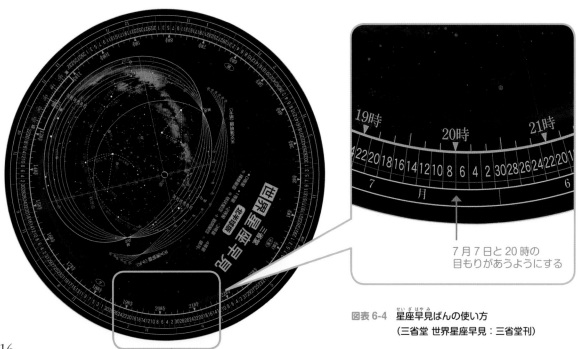

7月7日と20時の
目もりがあうようにする

図表 6-4　星座早見ばんの使い方
（三省堂 世界星座早見：三省堂刊）

図表 6-5 北の空を見るときは星座早見ばんを上下逆さに持つとよい

図表 6-6 星座早見ばん以外にも今夜の星空を調べる方法はいくつかある

② あれ? 西が東?!

星座早見ばんには、星座がえがかれている丸い（だ円の）窓のまわりに方角が書いてある。しかし、よく見てみると、東西の位置が通常の地図とは逆である。「あれ？」と思うかもしれないが、星座早見ばんは、見下ろして使う地図とちがい、見上げて使うのでさかさまになるのだ。通常の星座早見ばんでは南が下になっているので、南を向いて星座早見ばんを空にかざすと、ちゃんと方角が合っているはずだ。一方、北の空を見る場合には、星座早見ばんをさかさまにしよう。星座早見ばんの下に書いてある方角と、見る方向を合わせるのがコツだ。

③ 月や惑星がない!?

星座早見ばんで注意することがある。それは、月と惑星の位置はえがかれていないということだ。理由は月と惑星は星座の星たちとはちがい、日々、年々その位置を変えていくからだ。星座の星が動くのは、地球が動いているからだ。そのため、星座の形がバラバラになることはない。月や惑星は、その中を泳ぐように移動していくため、星座早見ばんにはえがけないのだ（☞6章5節）。

今では、パソコンのソフトやスマートフォンのアプリなどでも今夜の星空を調べることができる。これなら月や惑星の位置はもちろん、さまざまな情報がかんたんに手に入る。

6章 天体観察入門

117

6章

3 星空観察へ出発!

夜空を見上げて「あの星は何だろう？」と思いめぐらせたり、「きれいだなー」と見とれることはないだろうか？少しでも気になったら、星を見るという目的をもって外に出てみよう。一人で楽しむ、友だちと楽しむ、天体観察会に参加するなど、いろいろな楽しみ方がある。

1 出かける前に

まず調べておきたいものは天気だ。星が見たいのにくもっていたり、雨がふっていては話にならない。それから月齢（☞1章1節）も大事だ。月も毎日少しずつ形と場所を変えていくので、月が見たいのに見つからないとか、また、天の川を観察したいのに満月が明るすぎてよく見えないということがないようにしよう。天気や月齢は新

7月 5日	○ 月齢 15.5
友引	（大潮）
（東京）	
日出 4時30分	日入 19時01分
月出 19時59分	月入 5時53分

図表6-7 新聞の月齢欄

聞やインターネット、またはスマートフォンのアプリなどで調べることができる。

2 どこに行けばいいの？

やはり街灯りのない、まわりが開けた場所へ行くのがよいだろう。夏休みなどに山や海へ行く機会があれば絶好のチャンスだ。しかし、気軽に楽しむのであれば、家のベランダや、庭、近くの公園などでも十分である。月や惑星、明るい星であれば市街でも見つけることができる。ただし、できるだけ暗い場所で観察することが大切だ。

家の近くに星を見るためのお気に入りの場所を見つけるのも楽しい。自分だけの天文台をつくっておけば、南には○○ビルが見えて、西には△△デパートがある、など方角の確認も慣れてくる。

● 月の見え方や位置がわかる
アプリ「Moon Book」
© （株）ビクセン

なるべく
家の電気は消して
見よう

デパート

東

南

ビル

西

いつも決まった場所で見るようにして
自分だけの天文台をつくるのもたのしい

図表 6-8　星空観察する場所を見つける

③ 星空観察 7 つ道具

星座早見ばん

星座を見つけるために
便利だ

コンパス

方角がわかる

かいちゅう電灯

ハンカチなどをかぶせる。
赤いセロファンを貼ってもよい。

うわぎ（寒さ対策）

夏の夜も冷えるので忘れず
に持っていこう。北海道など
寒い地域ではカイロも必要

時計

バックライト機能が
ついているとさらによい

いすやレジャーシート

ずっと上を見ているとつかれるので
楽なしせいで見よう

**双眼鏡と
天体望遠鏡**

さらに星空観察が
楽しくなる

図表 6-9　星空観察 7 つ道具

　そのまま外に出て星をさがすのもよいが、せっかくなので少しだけ準備をしておこう。なくてはならない、というわけではないが、あると便利な道具ばかりだ。

　その他、夏の夜は蚊の対策が大切なので、虫よけスプレーも忘れずに用意しておきたい。また、おかしや飲み物なども星空観察をさらに楽しくしてくれる。ゴミは必ず持ち帰るよう、ゴミ袋を用意しよう。

6章
4 星空観察の テクニック

夜空を見上げても、なかなかお目当ての星が見つからなかったりすることがある。ここでは星座や流れ星をうまくさがす方法を紹介しよう。

1 手は夜空のものさし

「あの星は向こうのビルの上の方にある」と言っても、どれくらいの高さにあるかわからない。そんなときは、自分の体を使って測ることができる。まずは、まっすぐにうでをつき出して、ジャンケンのグーをしたときのにぎりこぶしが10°と覚えておこう。グーを重ねていけば、だいたい9個で真上にくるはずだ。これさえ覚えておけば、となりにいる友だちにも「にぎりこぶし3つ分上だよ」などとかんたんに教えることができる。

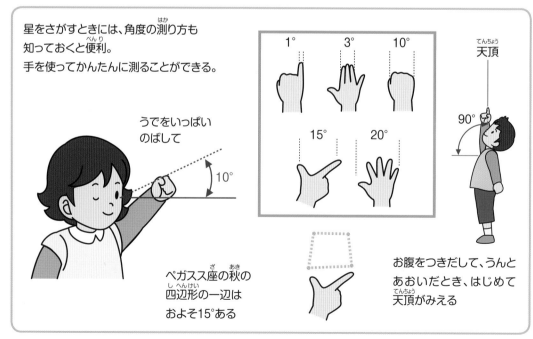

星をさがすときには、角度の測り方も知っておくと便利。
手を使ってかんたんに測ることができる。

うでをいっぱいのばして　10°

1°　3°　10°
15°　20°

ペガスス座の秋の四辺形の一辺はおよそ15°ある

天頂
90°

お腹をつきだして、うんとあおいだとき、はじめて天頂がみえる

図表 6-10　手のものさしの使い方

② 流れ星をたくさん見つける工夫

　流れ星は、だれでも肉眼でかんたんに見ることができる。少しでも多くの流れ星を見るためには、寝転がって見ることだ。レジャーシートなどをしいて、あお向けに寝れば首がつかれない。双眼鏡や望遠鏡は流れ星の観察には向いていない。空のどこにいつ流れるかわからないし、拡大して見るものではないからだ。あとは普通に星空観察をする場合と同

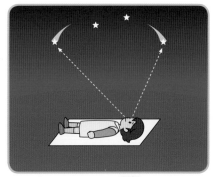

図表 6-11　あお向けで星空観察

じだ。流星群の場合でも流れ星は空のあちこちで見える。そして、暗い流れ星ほど数多く流れる。

　流星群の見ごろについては3章5節②を見よう。

③ 科学館や公開天文台をチェック!

　いきなり星空観察! といっても、星座のさがし方がわからなかったり、不安なこともあるだろう。そういうとき、まずは近くの科学館や公開天文台の情報を調べてみよう。定期的に天体観察会などをおこなっていることが少なくない。星にくわしい職員さんがわかりやすく教えていたり、大きな天体望遠鏡で神秘的な宇宙の姿をのぞかせてくれたりする。星空観察のクラブで仲間を見つけられる場合もある。

図表 6-12　天体観察会のようす

5 惑星を見よう

夜空で光っているものには星座を形づくる星ぼし以外にも月や惑星がある。惑星の中でも水星・金星・火星・木星・土星の五惑星は望遠鏡を使わずに肉眼でも見ることができる。見つけるコツ、見られる時期を調べて観察しよう。

1 星と惑星、夜空で見分けられる?

　もし星空に惑星がまぎれこんでいたら、さがしだせるだろうか。見分け方のひとつは、**他の星より明るい**ことだ。金星や木星は、他の星々よりもずばぬけて明るい。火星は赤またはオレンジ色っぽく見えて、明るいときには1等星（☞4章2節）よりも目立つ。土星は1等星と同じくらいの明るさだ。そして、惑星は、**あまりまたたかない**。他の星がきらきらとまたたいて見えるのに対して、どっしりと光って見える。

　また、**日没後や日の出前のわずかな時間しか見ることのできない惑星がある**のも見分け方のひとつだ。金星と水星は夕方の西の空か、明け方の東の空でしか見られない。

図表6-13　夕空の金星と木星　ⒸScience Source/PPS

もし夕方の西空か明け方の東空でひときわ目立つ星を見つけたら、それは金星の可能性が高い。水星は金星ほど明るく見えない。他の見分け方としては、**星座早見ばん**（☞6章2節）にはえがかれていないことだ。なぜなら**惑星は他の星とは異なる動きをする**から。

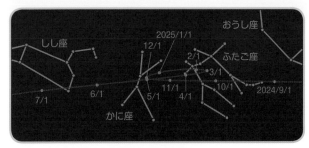

図表 6-14　2022 年～ 2024 年の火星の動き

星座は時がたってもその形を変えないが、惑星は毎年見える場所が変わる。1カ月以上観察しているとその位置が少しずつ変わっていくことに気がつくだろう。そのため、星座早見ばんにはえがかれていないのだ。

② いつ見える?

「宵の明星」「明けの明星」という呼び名を聞いたことはあるだろうか。これは金星の別名で、夕方の西空に輝く金星を宵の明星、明け方の東空で見られる場合には明けの明星と呼ぶ。水星も同じように夕方の西空か明け方の東空でしか見られない。火星・木星・土星は夕方、明け方に限らず真夜中でも見られる。

では、いつどこをさがせば惑星を見つけられるだろうか。調べるには、天文雑誌やウェブサイトが便利だ。今どんな星座や惑星が見えるかなどのくわしい解説がのっている。惑星の近くに明るい1等星や見つけやすい星座、月があれば、さがすときの目安になるのでチェックしておこう。

●国立天文台ほしぞら情報

http://www.nao.ac.jp/astro/sky/

図表 6-15　惑星どうしの接近が見られる日

2023年1月23日	金星と木星の接近	夕方南西の空
2023年3月2日	金星と木星の接近	夕方西の空
2023年7月1日	金星と火星の接近	夕方西の空
2024年4月11日	火星と土星の接近	明け方東の空
2024年8月14日	火星と木星の接近	明け方東の空
2025年1月19日	金星と土星の接近	夕方南西の空
2025年4月29日	金星と土星の接近	明け方東の空
2025年8月12日	金星と木星の接近	明け方東の空
2026年6月10日	金星と木星の接近	夕方西の空

この前後しばらくは、惑星どうしが近くにならんだようすが見られ、目立つので、見つけるときの目安になる。

図表 6-16　月と金星　ⓒ Animals Animals/PPS

6 双眼鏡と望遠鏡

双眼鏡と望遠鏡は星を観察するときにとても便利な道具だ。どちらも遠くのものを見るための道具だが、見え方や使い方はずいぶんちがう。

1 双眼鏡の使い方

　双眼鏡は組み立てる必要もなく、持ち運びもかんたんで、気軽に天体観察をするのに最適だ。双眼鏡を使うときはピントとはばをあわせるのが大切だ。また、しっかり固定することでぐっと見やすくなる。

❶ 両目のはばに合せたら、左目だけでのぞき、ピントリングでピントを合わせる
　ピントリング

❷ 右目だけでのぞき、視度調整リングでピントを合わせる

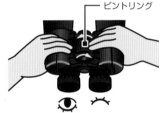

❸ 両目でのぞいて、ピントリングで再度ピントを調整する
視度調節リング

❹ 両目のはばにあわせる
両ひじをつくだけでずいぶん安定する

❺ しっかりと固定する
三脚があると友だちどうしで見るときに便利

図表 6-17 双眼鏡を使いこなそう。くわしくは、とりあつかい説明書などで確認しよう。

2 望遠鏡の使い方

　望遠鏡は、双眼鏡よりも高い倍率で星を見られる道具だ。レンズや凹面鏡（お皿のように真ん中がくぼんでいる鏡）で光を集めることで、暗い天体もくっきり見える。レンズを使うものが**屈折望遠鏡**、凹面鏡を使うものを**反射望遠鏡**という。

望遠鏡は倍率が高いので、少し動かしても大きくブレてしまうから手持ちでは使えない。そのため、望遠鏡はしっかりした三脚にのせ、スムーズに動かせる架台を使って天体にねらいをつける。ファインダーでおおまかに天体にねらいをつけると（図表6-19）、望遠鏡でその天体をとらえられる。

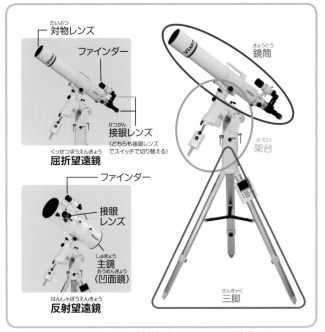

図表 6-18　望遠鏡のしくみ。焦点距離は、レンズや鏡筒の横に、fl ＝ 600mm などと書いてあることが多い。Ⓒ㈱ビクセン

望遠鏡の倍率は、のぞく場所につける接眼レンズを交換すれば変えられる。倍率が高いほど、もちろん天体は大きく見えるが、同時に薄暗くなっていく。レンズや鏡の直径（口径）が大きいほど、高倍率でも暗くならない（☞図表6-20）。

望遠鏡の倍率は、「対物レンズ（鏡）の焦点距離÷接眼レンズの焦点距離」で求める。たとえば焦点距離が 600mm の対物レンズと 20mm の接眼レンズなら、600 ÷ 20 で倍率は 30 倍。接眼レンズが 10mm なら倍率は 60 倍となる。焦点距離は、レンズや鏡筒に、fl ＝ 600mm などと書いてあることが多い。

望遠鏡を地上の遠くの目標物に向け、ファインダーの調節ネジで目標物が真ん中に見えるようにする。明るいうちに練習しておこう。

星を見るときは、ファインダーをのぞきながら、微動ハンドルやリモコンで目的の天体にねらいをつけて、望遠鏡をのぞく。

望遠鏡のピントは、ピント調整ダイヤルを回して合わせる。そのときにダイヤルの固定ネジをゆるめて動かし、ピントがあったらしめるとピントがずれない。

図表 6-19　望遠鏡を使いこなそう

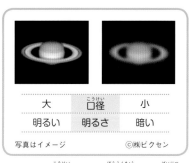

大	口径	小
明るい	明るさ	暗い

写真はイメージ　　　　　　Ⓒ㈱ビクセン

図表 6-20　口径のちがう望遠鏡を同じ倍率にしてとらえた土星。倍率は口径のセンチ数の10倍くらいがちょうど良く、20倍が限界といわれている。つまり、口径6cmなら60倍がちょうど良く、120倍が限界。口径20cmなら200倍がベストで、400倍が限界。

7 双眼鏡・望遠鏡で惑星にチャレンジ!

惑星を夜空の中で見つけられるようになったら、双眼鏡や望遠鏡を向けてみよう。拡大して観察すると、肉眼ではわからなかった惑星の形や表面の模様などが見えてくる。

1 双眼鏡で惑星を見ると…

双眼鏡というとバードウォッチングなどに使うイメージが強いかもしれないが、惑星、月、木星の衛星、星団（すばるなど）、星雲、それから、や座、いるか座、こうま座など小さな星座の観察にもとても役立つ。たとえば、肉眼では見つけにくい水星をさがすときに便利だ。水星が見える時間帯は太陽がしずんだばかりで空がまだ少し明るいため、水星はあまり目立たないが、双眼鏡で西の空を拡大すれば見つけやすくなる。また、木星のまわりを回る衛星を見るのもおもしろい。ガリレオ衛星と呼ばれる4つの衛星が木星の両わきに一列にならんでいるようすが見られる。衛星は木星のまわりを1日から数日で一回りしているので、2、3時間おき、または次の日に見てみると、衛星の位置が動いているのだ。見ていてあきない惑星だ。

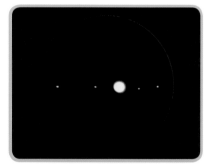

図表6-21　双眼鏡で見た木星とガリレオ衛星

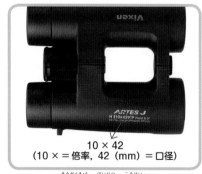

10 × 42
(10 × = 倍率, 42 (mm) = 口径)

図表6-22　双眼鏡の倍率と口径の調べ方
©㈱ビクセン

双眼鏡を初めて使うなら、まずは口径（レンズの大きさが）3 〜 5cm、倍率7 〜 10倍の低倍率のものがよいだろう。これで十分ガリレオ衛星が見える。手で持っているとぶれてしまい衛星がいくつあるのかよく見えないので、三脚にしっかりと固定させることが大切だ。

2 望遠鏡で惑星を見ると…

　望遠鏡を使うと、双眼鏡よりももっと拡大でき、惑星の形や模様も見られる。気軽に使える小型望遠鏡（口径5〜10cm程度）でも十分楽しむことができる。もちろん、口径の大きな望遠鏡ほどよく見えるが、地球には大気があるので像が乱れてしまい、どんなに大きな望遠鏡でもくっきりとは見えない。図表6-23は、左列が地上にある公開天文台の望遠鏡で撮った写真、右列が宇宙空間に浮かぶハッブル宇宙望遠鏡で撮った写真だ。

		地上の公開天文台の望遠鏡	ハッブル宇宙望遠鏡
火星	2年2カ月ごとの地球への接近の時が観察のチャンス。口径5cm程度なら赤くて丸いようすがわかり、8cm程度以上から極冠の白いようすや黒っぽい模様もわかる。		極冠
木星	口径8cm程度でもしま模様が1〜2本は見える。口径10cm程度以上なら大赤斑も見えるだろう。		
土星	口径5cm程度なら環（リング）があるのがわかる。口径8cm程度なら環がしっかりと見え、10cm程度なら環の中のカッシーニのすき間も見えるだろう。		カッシーニのすき間
天王星	口径90cmの反射望遠鏡でとらえた天王星（左）。あわい青緑色の円盤状に見える。色はよくわかるが、しま模様は、もともとほとんどない。これ以下の口径では、青緑色の小さな円盤があるとわかる程度。		
海王星	口径90cmの反射望遠鏡でとらえた海王星（左）。天王星よりさらに小さく青っぽく見える。これより口径が小さいと、その存在がわかる程度で色はわからないかもしれない。		

図表 6-23　地上と宇宙では、惑星の見え方はこんなにかわる　右列5点：© NASA，左列下2点：© 姫路市「星の子館」

▶▶▶「星空の記念撮影にチャレンジ！」

　旅先はもちろん、ふだんの生活でも、すてきな風景に出会ったら記念撮影をしたいものだ。同じように、すてきな星空に出会ったらぜひ写真に残しておきたい。撮り方のコツさえつかめば、意外と簡単に撮影することができる。星空の撮影にもチャレンジしてみよう。

　星空の写真撮影に必要な道具について考えてみよう。まずカメラが必要だ。最近はデジタルカメラ（デジカメ）や、スマートフォン（スマホ）のカメラ機能の性能がよくなっているので、気軽に星空を撮影することができるようになった。一眼レフカメラを使えば、より本格的な星空写真にチャレンジすることもできる。次に、カメラやスマホを固定するための三脚が必要だ。星空写真はしばらくの間、カメラを夜空に向けておく必要があるので、手で持っているとどうしてもブレてしまう。三脚がない場合には、テーブルやバッグなど身近な物を利用して夜空にカメラが向くように固定しよう。スマホであれば、そのまま真上にカメラを向けて地面に置けば天頂の星空を撮影することもできる。さらにタイマー機能を活用すればボタンを押すときブレずにすむだろう。

　一番難しいのは、カメラの設定だろう。市街地と山奥では設定が異なるし、月明りも考える必要がある。しかし、デジカメやスマホは撮影してみて失敗したらすぐに消すことができるので、怖がらずにいろいろ設定を変えてみて何度も撮影してみよう。カメラにナイトモードや星空モードといった星空を撮影するための設定がある場合はそれを使用しよう。手動で設定する場合には、ISO感度は1600～6400で撮影時間は1秒くらいから試してみるとよい。暗くて星が写っていない場合や、反対に明るすぎる場合には、ISO感度や撮影時間を調節してみよう。長い時間撮影すると、星の軌跡（動いていくようす）がわかっておもしろい。ちなみに真っ暗な星空だとピントが合わせづらい場合がある。その場合は手動でピントを設定するようにして、無限遠（∞のマーク）に合わせるとよい。最近は星空写真を撮るための便利なアプリもあるので、いろいろと試すとよいだろう。

　最初は難しいと感じるかもしれないが、まずは夜空にカメラを向けてみることだ。だんだんと慣れていくことで、肉眼で見る星空とはまたちがった楽しみが出てくる。ぜひチャレンジしてほしい。

©水谷有宏

Q1 チェック
星をさがすときの「手のものさし」で、およそ 10°を示すのは次のうちどれか。

①指 3 本分　　　　　　　②こぶし 1 個分
③手のひらの親指から小指まで　④親指と人差し指を広げた間くらい

 Q2 チェック
金星の見え方として正しいのはどれか。

①赤またはオレンジ色っぽく見える　　②真夜中によく見える
③夕方の西の空か、明け方の東の空に見える　④毎年同じ位置に見える

 Q3 チェック
焦点距離（fl）が 800mm の望遠鏡に、20mm の接眼レンズを装着した。このとき、倍率は何倍か。

① 1 万 6000 倍　② 160 倍　③ 40 倍　④ 4 倍

 Q4 チェック
夜空に輝く惑星の見え方について、まちがっているものはどれか。

①星座を形づくる星々にくらべて、あまりまたたかない
② 1 等星よりも明るく輝く惑星がある
③どの惑星も日がしずんでからのわずかな時間しか見ることができない
④星座早見ばんにのっていない

  Q5 チェック
双眼鏡で惑星を観察したところ、写真のように見えた。何という天体か。

①水星　②木星　③土星　④天王星

 Q6 チェック
星座早見ばんにのっていない天体は次のうちどれか。

① 1 等星　②惑星　③北極星　④オリオン座

A1　② こぶし1個分

解説▶▶▶「手のものさし」で角度を測るときには、うではひじをのばした状態で測る。多少の個人差はあるが、大人も子どもも共通して使えるものさしだ。

A2　③ 夕方の西の空か、明け方の東の空に見える

解説▶▶▶金星は「宵の明星」「明けの明星」とも呼ばれ、夕方の西の空か、明け方の東の空でしか見られない。赤またはオレンジ色っぽく見えるのは、火星の特徴だ。星座を形づくる星がきらきらとまたたいて見えるのに対し、惑星はあまりまたたかない。また、惑星は他の星とは異なる動きをするので、毎年同じ位置に見えるわけではない。

A3　③ 40倍

解説▶▶▶望遠鏡の鏡筒に fl＝800mm と書いてあると、これは焦点距離が 800mm の対物レンズということである。望遠鏡の倍率は「対物レンズの焦点距離÷接眼レンズの焦点距離」で求めるため、800mm÷20mm＝90 で、倍率は40倍となる。

A4　③ どの惑星も日がしずんでからのわずかな時間しか見ることができない

解説▶▶▶惑星の中でも、水星と金星は、夕方の西の空か、明け方の東の空でしか見られない。しかし、火星、木星、土星は、これに限らず真夜中でも見ることができる。①②④は、星座を形づくる星々と惑星を見わけるときのポイントで、どれも正しい。その時どきの惑星の見え方は、天文雑誌やウェブサイトで調べることができる。

A5　② 木星

解説▶▶▶双眼鏡を使うと、惑星や月、星団（すばるなど）、星雲などを見ることができる。写真では、中央の惑星の両わきに、ガリレオ衛星と呼ばれる4つの衛星が一列にならんでいるようすがわかる。これは木星だ。ガリレオ衛星は、木星のまわりを1日から数日で一回りしているので、2、3時間おき、または次の日に見てみると、衛星の位置が動いていることがわかる。

A6　② 惑星

解説▶▶▶星座早見ばんは、毎年使えるよう、星座の間を常に動いていってしまう月や惑星など太陽系内の天体はえがかれていない。月や惑星の位置はインターネットなどで確認してから観察しよう。

執筆者一覧 (五十音順)

梅本真由美 ..... 各章冒頭グラビア担当　　サイエンスライター

黒田武彦 .... 構成・編集担当　　　　　元兵庫県立大学教授・元西はりま天文台公園園長

成田　直 .... 1、2章担当　　　　　　川西市立多田小学校教頭

福江　純 .... 構成・編集担当　　　　　大阪教育大学名誉教授

水谷有宏 .... 5、6章担当　　　　　　元・郡山市ふれあい科学館天文担当

室井恭子 .... 3、4章担当　　　　　　元・国立天文台天文情報センター広報普及員

渡部義弥 .... 構成・編集、0章担当　　大阪市立科学館学芸員

監修委員 (五十音順)

池内　了 .... 総合研究大学院大学名誉教授

黒田武彦 .... 元兵庫県立大学教授・元西はりま天文台公園園長

佐藤勝彦 .... 東京大学名誉教授・明星大学客員教授

沢　武文 .... 愛知教育大学名誉教授

柴田一成 .... 京都大学名誉教授・同志社大学客員教授

土井隆雄 .... 京都大学特定教授

福江　純 .... 大阪教育大学名誉教授

松井孝典 .... 千葉工業大学学長・東京大学名誉教授

吉川　真 .... 宇宙航空研究開発機構准教授・はやぶさ2ミッションマネージャー

索引

版 権 所 有
検 印 省 略

天文宇宙検定　公式テキスト 2023〜2024年版
4級 星博士ジュニア

天文宇宙検定委員会　編

2023年3月8日　　初版1刷発行

発行者　　　片岡　一成
印刷・製本　株式会社シナノ
発行所　　　株式会社恒星社厚生閣
　　　　　　〒160-0008
　　　　　　東京都新宿区四谷三栄町3番14号
　　　　　　TEL　03（3359）7371（代）
　　　　　　FAX　03（3359）7375
　　　　　　http://www.kouseisha.com/
　　　　　　http://www.astro-test.org/

ISBN978-4-7699-1694-9　C1044

（定価はカバーに表示）